図解よくわかる 実践！スマート農業

デジタル技術による効率的な農業経営

日刊工業新聞社

⌘ はじめに

日本の農業はいま、激動の時代を迎えています。農業人口の減少、気候変動による国内外での不作、資材やエネルギーの価格高騰、国際的な政情不安、新型コロナ感染症のようなパンデミックなど、さまざまな逆風が吹き荒れています。一方で、農業に対する社会の関心はいっそう高まっており、各地で有力な農業法人が活躍したり、スマート農業をはじめとする新技術が台頭したりと、明るい兆しも見えています。そのような中、農政の憲法とも称される食料・農業・農村基本法が約25年ぶりに改正されるなど、新しい農業への変革は待ったなしの状況です。

農業・農村の山積する課題を解決する切り札として期待が高まっているのが、本書のテーマである「スマート農業」です。さまざまなメーカー、大学、研究機関などが開発してきたスマート農業技術が、全国200か所以上で展開された農林水産省のスマート農業実証プロジェクトを経て、いよいよ実用化の段階に突入しました。スマート農機、農業用ドローン、農業ロボット、スマート農業アプリなど、農業者の役に立つ製品・サービスが市販され、スマート農業を実践する事例が増えています。少し前までは技術が発展途上だったこともあり、多くの農業者が様子見状態でしたが、いよいよ“スマート農業が当たり前の時代”が近づいています。

2020年3月に出版した『図解よくわかるスマート農業』(日刊工業新聞社)は、幸いにも多くの読者にお読み頂き、拙著の内容を基にスマート農業を始めたとのありがたい声をいくつも頂きました。そこから約4年が経ち、スマート農業はさらに技術革新が進み、スマート農業の効果的な導入モデルも生まれています。また前述の基本法改正に加え、スマート農業に特化した新たな法律も施行されるなど、政策面でのバックアップもより充実してきました。そこで今回新たに、「スマート農業をどのように導入するか」という視点から、実践編という位置づけで新たな書籍を執筆させて頂きました。本書では、日本の農業が抱えている課題を明確化した上で、課題解決に役立つ主要なスマート農業技術について、栽培体系別に具体事例を交えて紹介しています。

本書の内容が、スマート農業技術の導入を検討している農業者、スマート農業に関する新規ビジネスを検討するビジネスパーソン、新たな研究に挑戦しようとする研究者や学生、デジタルトランスフォーメーションによる地域振興を検討している農業地域の自治体職員などの方々に対して、少しでもお役に立てば、筆者としてこの上ない喜びです。

本書の企画、執筆に関して日刊工業新聞社の土坂裕子様に丁寧なご指導を頂きました。この場を借りて厚く御礼申し上げます。

最後に、筆者の日頃の活動にご支援、ご指導を頂いている株式会社日本総合研究所に対して心より御礼申し上げます。

2024年10月

株式会社日本総合研究所　創発戦略センター

三輪 泰史

⌘目　次

第2章 スマート農業とは

第3章 実践Ⅰ 稲作などの土地利用型農業でのスマート農業

第4章 実践Ⅱ 野菜作、果樹栽培でのスマート農業

第5章 実践Ⅲ 施設園芸でのスマート農業

第6章 実践Ⅳ スマート畜産・酪農

第7章 農業デジタルトランスフォーメーションの最前線

第8章 スマート農業の始め方

第9章　スマート農産物流通

第10章　スマート農業を後押しする政策・支援策

第1章

食料・農業・農村基本法改正がもたらす農業の大変革

1 新たな局面を迎えた日本の農業

農業を“サステナブル”で“儲かる”ビジネスに

いま、日本の農業は大きな転換点に差し掛かっています。2024年は食料・農業・農村基本法が制定以来25年ぶりに見直されたことが大きな話題となりました。

改めて日本の農業の現在地について確認してみましょう。農林水産省の統計を見ると、長く下落してきた農業産出額は2010年頃には下げ止まり、もしくは回復の兆しが見えている状況です。その背景には、アベノミクスで掲げられた農業の成長産業化政策があります。規模拡大や法人化、流通改革、規制緩和などの新たな政策が推進されました。

大きな変化の1つが、農業経営の法人化です。家族経営から法人経営への転換が増加し、全国で約3万戸の農業法人が営農しています。各地で“スター農業者”ともいえる優秀な農業経営者が台頭し、業績を伸ばしています。また、企業の農業参入も順調に増えています。

2000年代頭から農業参入の規制緩和が随時行われた結果、企業の農業参入は急増し、参入事例（リース方式のみの集計値）は約4,100件を超えています。農業法人や農業参入企業は毎月従業員に対して給与を支払う必要があり、そのためきちんと儲かる農業ビジネスを確立しています。

一方で高齢農業者などの離農により、耕作放棄地※1が年々拡大しています。農水省の統計では40万haを超える耕作放棄地が全国に存在し、その面積は滋賀県や富山県などの面積に匹敵する規模となっています（なお、農水省では近年耕作放棄に関する統計調査を行っておらず、代わりに荒廃農地※2に関する調査結果を公表しています）。

実践！ポイント

このように日本は農家1戸当たりの農地面積が狭いのに、農地が余っているという大きな矛盾を抱えています。後継者が不在、労働力不足により栽培できない、中山間地のため作業効率が悪いといった理由で、せっかくの農地が無駄になっているのです。食料自給率の向上を目指す中で、大きなブレーキとなっています。

個人経営・家族経営の高齢農業者の離農が相次ぐ中、それらの農地を地域の中核的な農業者に引き継ぐかがポイントとなります。

農業が儲かるビジネスであれば、そのベースとなる優れた農地が放棄されることはなくなり、農業に可能性を感じた若者や異業種企業などが農業にトライしてくれます。“儲かる農業”を実現することが、円滑なバトンタッチのカギとなるのです。

現在よりも農業人口がさらに減少した際に、いかに効率的に付加価値の高い農業を展開できるかが日本の農・食の未来をにぎっています。

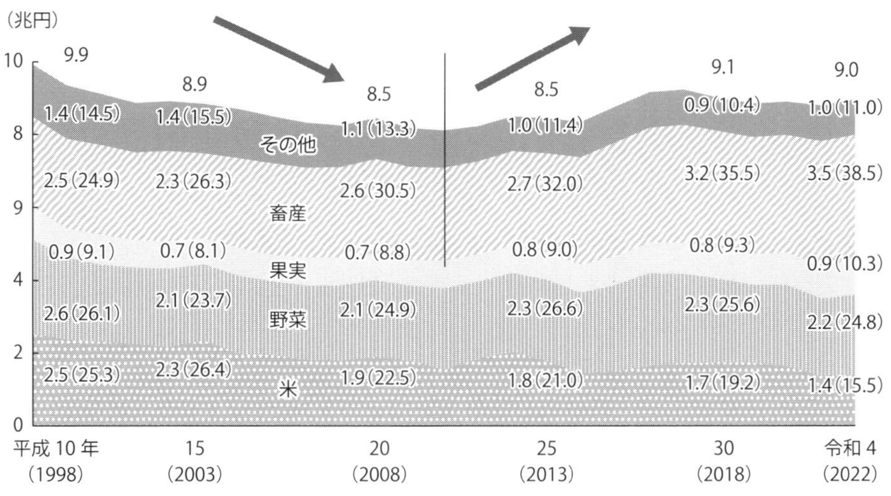

出所：農林水産省

農業総産出額の推移

※１　耕作放棄地：農作物が１年以上作付けされず、農家が数年の内に作付けする予定がないと回答した農地。

※２　荒廃農地：現に耕作されておらず、耕作の放棄により荒廃し、通常の農作業では作物の栽培が客観的に不可能となっている農地。

- 日本の農業は数十年に一度の大きな転換点に
- 農業参入や法人化の進展によりビジネスとして農業を営む主体が増加
- “儲かる農業”が今後の日本の農業に欠かせない要素

2 食料・農業・農村基本法

約25年ぶりに改正された“農政の憲法”

基本法がはじめに施行された1999年から、日本の農業、そして置かれた環境は大きく変化しています。農業就業人口が減少の一途をたどり、荒廃農地・耕作放棄地が大幅に増加しており、食料供給力の低下が深刻化しています。

外部環境は向かい風となる要因が多く、気候変動・温暖化の深刻化、食料の国際的な需給ひっ迫、ロシアのウクライナ侵攻をはじめとする国際情勢の不安定化、記録的な円安（本書執筆時点では若干円高へ揺り戻し）などのリスクが顕在化し、穀物などの輸入農産物や肥料原料などの輸入農業資材の価格高騰や供給不安定化への懸念が高まっています。中国の政策変更でリン肥料の中国からの輸入がストップした際には、急遽モロッコなどからの輸入に切り替えましたが、食料安全保障の観点からはかなり高リスクな事象でした。

今回の基本法改正では、それらを踏まえた見直しが行われました。（平時、不測時の）食料安全保障の確保、環境配慮、スマート農業の普及、農業人材のあり方、適切な価格形成などが重要テーマに掲げられ、方針や対策が改正案に盛り込まれています。

中でも特に注目したいのが、本書のテーマであるスマート農業です。農業者不足や低採算性といった従来の課題のほか、環境配慮や資源コスト高などへの対応も求められる中、ICT、IoT、AI（人工知能）、ロボティクスなどを駆使したスマート農業なしではこれからの農業は成り立ちません。改正基本法では、スマート農業が今後の農業の中心に据えられ、スマート農業技術活用促進法の整備を含め、普及への具体的な方策が講じられています。

実践！ポイント

ただし、今後のスマート農業技術のイノベーションに関して、これまでの開発戦略をそのまま踏襲するだけでは不十分です。農業が直面する課題が多岐にわたるようになり、労働力不足の解消や生産性の向上を主眼としてきたスマート農業も、もっと広範に課題解決に貢献するように、役割を再定義する必要が生じているのです。

ポイントになるのが、「儲かる農業」、「持続可能な農業」、「食料安全保障に貢献する農業」の3つを組み合わせることです。かつては「環境に配慮すると収益性が落ちる」とか「効率性を重視すると環境負荷が高まる」という点が課題でしたが、スマート農業を活用すればそれらを両立した“一石三鳥”なモデルが実現できます。

基本法改正を受け、今後のスマート農業の技術開発や普及の予算においては、このような多目的なモデルの実用化がより重視されるようになっていくと考えられます。

① 食料安全保障の強化

② スマート農業

③ 農林水産物・食品の輸出促進

④ 農林水産業のグリーン化

出所：政府発表を基に筆者作成

基本法改正の４つの柱

	1999年	2021年
農業就業人口 （基幹的農業従事者）	234万人	130万人
農地面積	486.6万ha	434.9万ha
食料自給率 （カロリーベース）	40%	38%

出所：農林水産省統計を基に筆者作成

主な指標の変化

- “農政の憲法”が25年ぶりに改正
- 「儲かる農業」、「持続可能な農業」、「食料安全保障に貢献する農業」の３つを組み合わせたモデルが次のスタンダードに

3 改正のポイント①
食料安全保障

外的リスクの増加で国内農業の強化へ

食料安全保障は、FAO（国際連合食糧農業機関）では「全ての人が、いかなる時にも、活動的で健康的な生活に必要な食生活上のニーズと嗜好を満たすために、十分で安全かつ栄養ある食料を、物理的にも社会的にも経済的にも入手可能な状態」と定義されています。今回の法改正にて食料安全保障が基本理念の柱の1つに掲げられましたが、その際には「良質な食料が合理的な価格で安定的に供給され、かつ、国民一人一人がこれを入手できる状態」を確保すると表現されました。

従来の食料安全保障では、特に不測時に食料が行きわたることが主眼でしたが、今回の改正では平時の食料安全保障も同様に重視されました。これには貧困対策や、いままで“食品アクセス問題”として取り上げられてきた買い物難民対策などが含まれます。

近年の食料安全保障に関する状況を見てみましょう。さまざまな農作物の価格高騰や品薄が問題となっています。牛肉や豚肉の価格高騰は「ミートショック」と呼ばれています。日本で流通している輸入牛肉はアメリカ産とオーストラリア産が中心で2か国合わせて90%ほどのシェアを誇りますが、ともに価格が大きく上昇しました。牛丼や焼肉に使われるバラ肉の価格上昇が目立ち、外食チェーン店の値上げは広く報道されました。

新型コロナ感染症の影響で輸入ジャガイモの供給が滞り、大手ハンバーガーチェーンなどでフライドポテトなどが販売停止された「ポテトショック」、2024年にブラジルなどでのオレンジの不作により店頭からオレンジジュースが消えた「オレンジショック」も発生しました。

2024年夏には新米が出てくる直前の端境期に、南海トラフ地震臨時情報への対応や大型台風への備えとしてコメを普段より多めに購入して家庭内で備蓄する消費者が増え、ある種のパニック状態となってスーパーマーケットの店頭からコメが消える騒動となりました。ポテトショック、ミートショック、オレンジショックなど、農産物の価格高騰・品薄が頻発しない年の方が珍しい状況です。

実践！ポイント

世界的な農作物の需要急増も課題となっています。経済成長が著しい新興国では食の西洋化や肉食の増加により、牛肉、豚肉などの需要が急増しており、それによって食肉の需給バランスが崩れてしまっています。

日本の食料自給率（令和5年度）はカロリーベースで38%、生産額ベースで61%にとどまっています。従来は、日本の高い購買力を元に、世界各地から肉類をはじめとする農産物を調達することができましたが、近年の価格高騰や欠品騒動は、そのような輸入依存の戦略が限界に近づいていることを強く示唆しています。もはや世界市場で日本が買い負ける事態が現実味を帯びているのです。新興国の購買力はさらに向上し、状況は厳しくなっていくと予測されます。

他方で、気候変動の影響を受けて今後も世界各地で大雨、洪水、干ばつなどの異常気象・自然災害による農作物の不作が頻発すると考えられます。さらにSDGs（持続可能な開発目標）の観点から、大量の農産物を長距離輸送して輸入することへの向かい風も無視できません。

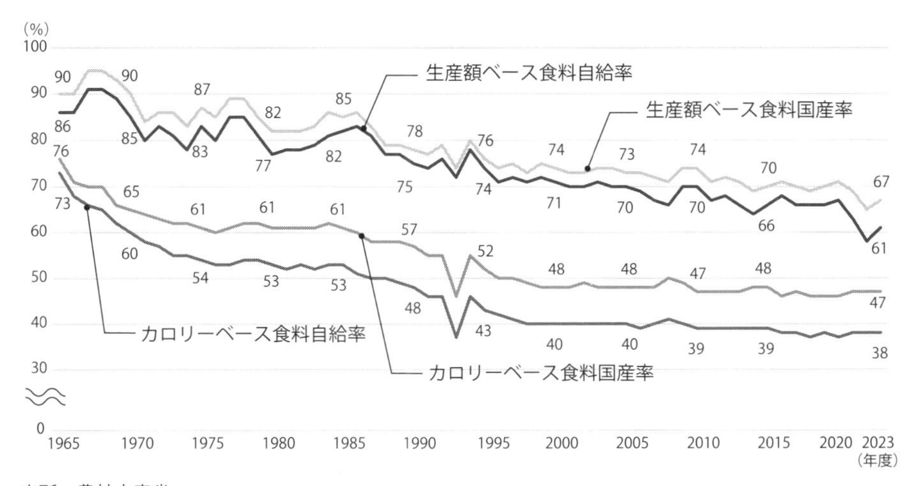

出所：農林水産省

食料自給率の推移

- さまざまな品目で世界的な不作が頻発
- 日本は経済力低下で、国際的な需給ひっ迫の中で買い負ける事態も

4 改正のポイント②
グリーン化、持続可能な農業

サステナブルな農業の実現へ

食料・農業・農村基本法の改正では、農業のグリーン化が主要な柱の1つに据えられました。SDGsへの関心が高まる中、環境保護や持続可能な農業の推進が重要となっています。

農業というと自然に優しいイメージを持つ方もいるかもしれません。たしかに農業は自然の恵みに立脚した産業ですが、実際には多くのGHG（温室効果ガス）を排出し、化学農薬や化学肥料が周辺環境に悪影響を与えてしまっている点も否めません。持続可能な（サステナブルな）農業を目指し、農業生産現場にて環境負荷軽減を図る取り組みが進められています。現在、GHG削減の取り組みが先行して進展しており、続いて生物多様性保全などの動きも出始めています。

実践！ポイント

主な取り組みとしては、化学肥料や化学農薬を使用しない有機農業、太陽光パネルの下で弱光性の農作物を栽培するソーラーシェアリング（メガソーラーと異なり農業がメイン）、近隣の工場などからの排熱や排CO_2（二酸化炭素）の有効活用、農産物の運搬の効率化などが挙げられます。特にGHGの中でも影響度の大きい（温暖化係数が大きい）メタンに関して、水田の土壌からの発生や牛のゲップに含まれるメタンなどの削減策が重点的に推進されています。

政策面で特徴的なのが、クロスコンプライアンスです。これは、補助金などの公的支援にあたって、受給要件に「農業者が最低限行うべき環境負荷低減の取り組み」を明示したものです。これまでの“環境負荷低減に資する取り組みを補助・優遇する”というスタンスに加え、“環境負荷に無配慮な取り組みは支援しない”という新たなアプローチが加わったといえます。

GHGを“抑制”するだけでなく、逆に“吸収してしまおう”という取り組みも広がっています。代表格がバイオ炭です。バイオ炭はメジャーな土壌改良材で、植物などのバイオマスを高温で炭化して製造したものです。バイオ炭は炭素を長期間にわたって土壌に貯留でき、GHG削減に貢献します。加えて、土壌改良剤として土壌の保水力向上や土中微生物の活性化などに寄与したり、農作物の根の発達促進にも効果があるとされており、“農作物にいい土壌改良剤を使ったら知らないうちにGHG削減にも貢献していた”という理想的な形を実現しています。

地球温暖化について短期の解決は難しいことから、足元では気候変動への適応も不可欠となっています。2023年に新潟県産コシヒカリの一等米比率が激減してしまったように、水稲の生育環境の高温化により白未熟粒（乳白粒、腹白粒など）や胴割れ（米粒の内部に亀裂を生じる現象）の発生リスクが顕在化しています。他にも猛暑による野菜の価格高騰、果樹の不作なども毎年のように報道されています。暑さに強いコメの新品種が猛暑の中でも順調に生育できたように、気候変動を踏まえた品種改良や栽培手法の工夫が求められています。

例）
- 肥料の使用状況の記録・保存
- 作物の生育や土壌養分に応じた施肥など

- 農薬の使用状況の記録・保存
- 農薬ラベルの確認・遵守、農薬の飛散防止など

- 電気・燃料の使用状況の記録・保存など

- 家畜排せつ物の適正な管理など

- プラスチック製廃棄物の削減や適正処理など

- 病害虫の発生状況に応じた防除の実施など

- 営農時に必要な法令の遵守
- 農作業安全に配慮した作業環境の改善など

出所：農林水産省

クロスコンプライアンスに盛り込まれた環境負荷低減の取り組み

POINT

- 基本法改正でサステナブルな農業への転換が加速
- クロスコンプライアンスで、農水省補助金を使用する際の環境配慮が不可欠に
- バイオ炭などによる炭素貯留にも期待が集まる

5 改正のポイント③ スマート化、農業DX

デジタル技術を活用した新たな農業の柱

基本法改正では、本書のテーマであるスマート農業も主要な論点となりました。IoT、AI、ロボティクスなどの先進技術が急速に発展する中、その勢いをいかに農業分野に取り込んでいくかがポイントとなっています（スマート農業の定義や分類については次章にて詳しく説明します）。

スマート農業や農業DX（デジタルトランスフォーメーション）というと効率化のための技術と捉えられがちですが、基本法では所得減、高齢化、人口減少、産業衰退、ダイバーシティの欠如といった農業・農村の幅広い課題を、スマート農業や農業DXで解決しよう、という方向性が打ち出されています。スマート農業技術の詳細や、それを後押しする各種政策については別項でそれぞれ触れることとし、ここではスマート農業の“影響力”について取りあげます。

“スマート化”は単に便利になるだけではなく、私たちの生活や仕事のやり方自体を大きく変える力を持っているとされています。この点は、スマートフォン（スマホ）の与えた影響を見ると、よく理解できるかと思います。スマホはガラケーの画面が大きくなったものではなく、むしろ小さくなったパソコンといえ、スマホで動画や音楽などのエンターテインメントを楽しんだり、オンライン学習教材を読んだり、簡単なレポートを書いたり、最近はマイナンバーカードを使って公的手続きも行えるようになっています。

スマホはいつでもどこでもいろいろなことができるため、時間の自由度が格段に高まりました。また地図、カメラ、カーナビなどでは、一部製品がスマホに取って代わられるなど、産業構造にも影響を及ぼしています。スマホの普及前と後では、生活・勉学・仕事などのスタイルが大きく変わるほどの影響力を持っているというわけです。

実践！ポイント

スマート農業も農業者に対して同じくらいのインパクトのある新技術だという認識が重要となります。作業効率の向上は1つの通過点であり、その先には「遠隔農業」、「無人農業」、「誰でもできる農業」といった選択肢も見えてきます。もちろん筆者も“農業者のいない農業像”を描いているわけではありませんが、「つらい作業や危ない作業の完全無人化」、「都市に住みながら農業にも参画できる次世代型の半農半X」などの新たな農業のカタチには大きな期待を抱いています。農業者がやりがいと誇りを持って行う作業と機械に任せる作業をきちんと分けることが、スマート農業の中期的ゴールでしょう。そこから逆算して現時点でのスマート農業のあるべき姿を定めることが、農業の継続的な発展の基盤となります。

スマート化や農業DXの技術水準をさらに高めるためには、農業に閉じた研究開発では不十分です。大学の農学部が“小さな総合大学”とも称されるように、化学・生物学・工学・経済学などを幅広くラインアップしている点は大きな強みである一方で、内部で自己完結してしまい、外にある重要な最先端技術へのアプローチが遅れてしまうリスクがあります。他分野と積極的に交流し、最先端の要素技術を取り入れていくという姿勢が大事になります。

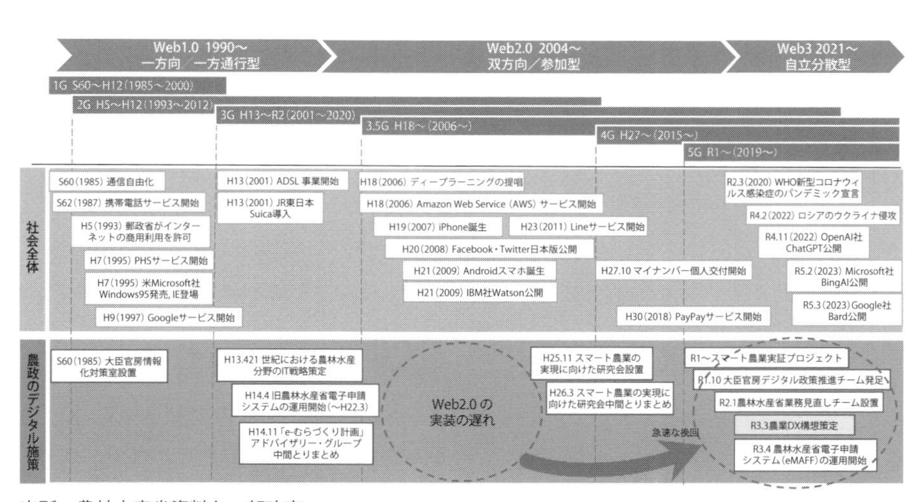

出所：農林水産省資料を一部改変

デジタル化の流れと農業分野の施策

- スマート農業は単なる効率化の技術ではなく、農業や農村のあり方自体を大きく変えるほどのインパクトを持つ
- 将来的な農業の理想像から逆算した技術開発や普及戦略が重要

6 改正のポイント④
農業者の確保

ベテラン農業者の大量離農に備えよ

基本法の見直しでは、農業者をいかに確保するかという点で活発な議論がなされました。はじめに日本の農業者の動向について見てみましょう。農業人口（基幹的農業従事者数）は長く減少傾向が続いており、2010年に205万人だったものが、2023年には116万人と、15年弱で4割以上減っています。現時点で人口の約1%の農業者が、日本の食料生産を支えている状況です（ただしカロリーベースの食料自給率は約4割）。

今後の予測を見てみると、JA全中（全国農業協同組合中央会）の分析では2050年には約36万人にまで減るとされています。これから約25年でさらに1/3未満にまで激減してしまうわけです。現時点で農業者の多くが高齢者という構造を踏まえると、この流れを止めることは残念ながら難しいといわざるを得ません。

実践！ポイント

それでは、将来にわたって誰が日本の農業を支えていくことになるのでしょうか。農水省の政策にて、今後の国内農業の中核と位置づけられているのが「担い手」（効率的かつ安定的な農業経営およびそれを目指して経営改善に取り組む農業経営者のこと）で、特に農業法人や農業参入企業が存在感を増しています。離農者の農地を農業法人が引き受けるケースが全国的に見られ、地域農業を支える欠かせない存在となっています。ここで強調したいのが、「農業法人が小規模な農業者から農地を奪い取る」のではなく、「小規模な農業者が農業法人に農地を託す」という流れになってきたという点です。

他方で基本法見直しの議論では、大規模化一辺倒ではなく、多様な農業者（特に中小規模の個人経営、家族経営の農業者）も重要という意見も出されました。担い手と多様な農業者を対立軸に置く論調も散見されますが、筆者は、両者はそれぞれが異なった役割を担っており、相互補完関係だと捉えています。やる気のある中小規模の農業者を切り捨てることなく、規模拡大や効率化を推進する、という難しいかじ取りが求められています。

新たな視点として“農作業は農業者が行う”という既成概念を崩す政策も登場しています。農業者の代わりに農作業受託、農業データ分析、農機レンタル、農業人材派遣を行う農業支援サービス事業体が政策的に後押しされていて、専門的な知見が必要なスマート農業の普及とともに活躍の場が広がっています。

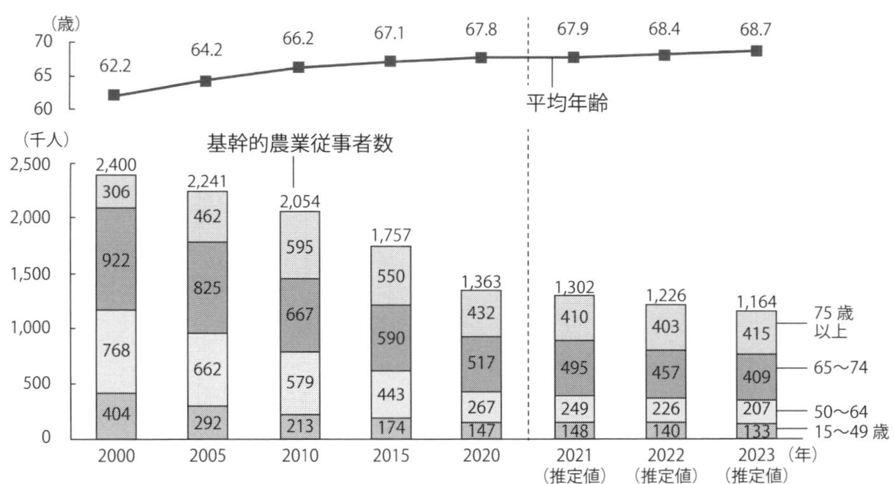

出所：農林水産省

基幹的農業従事者数と平均年齢の推移

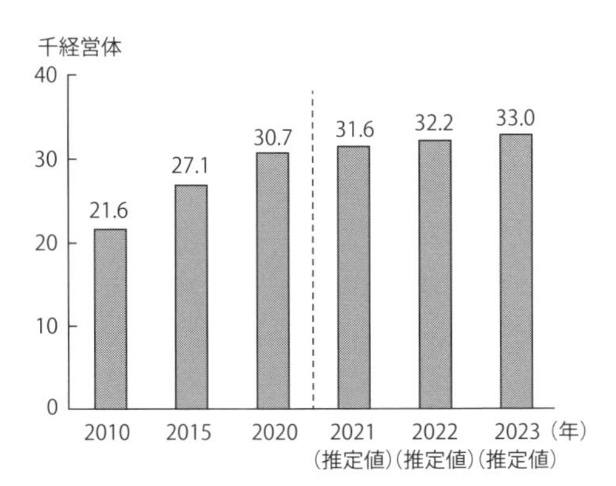

出所：農林水産省

法人経営体数の推移

- 地域の中核的な農業者に農地が集まり、規模拡大が進展
- 担い手と多様な農業者は相互補完関係。両者の連携が地域農業の発展の基盤に

7 改正のポイント⑤ グローバル化

合い言葉は“世界で稼ぐ”

人口減少下にあり、高齢化も進展しているわが国において、海外マーケットで稼ぐことは避けて通れない課題であり、それは農林水産業も例外ではありません。

近年の農林水産物の輸出動向を見ると、新型コロナによる行動制限が解除され、消費活動が再び活発化している国・地域も増え、世界各地での日本食ブームと相まって、日本産農林水産物の輸出拡大のチャンスは広がっています。また、急激な円安が農業資材やエネルギーのコスト上昇を引き起こしている一方で、農産物輸出にとっては追い風となっています。円安で円換算での輸出額を押し上げる効果があり、農業者や食品企業の収入増加にもつながっています。

政府による積極的な輸出促進策と農業者の努力により輸出額は順調に伸びており、1兆円という輸出目標を当初計画より1年遅れではあるものの達成し、次の目標として2025年に2兆円、2030年に5兆円を掲げています。海外で引き続き増加傾向にある日本食・和食レストランでの飲食を通じて日本の農林水産物のファンになったり、日本に旅行した際に美味しい農林水産物を食べた訪日観光客が帰国した後も購買してくれる、というパターンも多いと聞きます。

実践！ポイント

輸出拡大のハードルとなっているのが、輸出コストの高さと鮮度低下です。これらの課題解決に向け、農水省では農林水産物輸出のバリューチェーンの強化に中期的に取り組んでおり、輸送の効率化や先進的な品質保持技術などの実証事業も実施されています。

擬似的な農産物輸出ともいえるのが、インバウンド消費です。コロナ禍があけてインバウンドが再び盛り上がっており、訪日外国人が日本国内で消費する農産物も増加傾向にあります。2024年夏のコメの品薄騒動の際も、需給ひっ迫の要因の1つとしてインバウンド消費の増加が挙げられたくらいの無視できないマーケット規模になっています。為替レートの見通しは予見するのが困難ではあるものの、インバウンド消費のさらなる伸びが期待される中、訪日外国人のニーズに合致した農産物の供給体制の強化が求められています。

グローバル化のもう1つの方法が、農業法人の海外進出や農業技術の海外展開です。日本からの輸出が難しい（鮮度低下が早い品目や、相手国の輸入規制がある品目など）場合には、日本の優れた栽培技術を活かして現地国で生産するスキームが選択肢となります。特にスマート農業は遠隔モニタリングや遠隔操作も可能な技術体系ですので、栽培のノウハウを盛り込んだ栽培システムを海外に販売することが期待できます。もちろん「海外で生産した農産物が日本向けに輸出される」というブーメランを防ぐため、契約条項への盛り込み、違反時のスマート農業システムの強制遮断などの綿密な対策が欠かせません。

このような技術輸出ビジネスは他国が先行しており、施設園芸ではオランダやイスラエルの企業が設備とノウハウをパッケージ化して海外に販売しており、日本の農業者での導入事例も少なくありません。

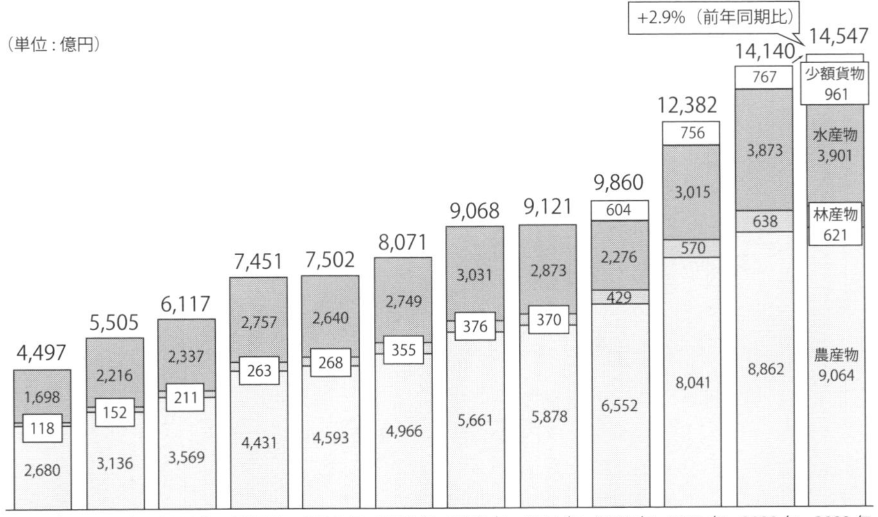

出所：農林水産省　※財務省「貿易統計」を基に農林水産省作成

農林水産物・食品の輸出額

- 世界的な日本食・和食ブームを受け、農林水産物の輸出は順調に増加
- 疑似的な輸出であるインバウンド消費も新たなチャンスに
- 次の一手は日本の農業技術パッケージの海外展開

8 改正のポイント⑥
適正な価格形成

高騰する生産コストを販売価格に“適正に”反映する仕組みを

基本法の改正では、農産物の価格のあり方についても活発に議論されました。背景に、生産コストが上昇する一方で、農産物価格はあまり上がらないため、農業者の収益性が著しく悪化していることがあります。

農産物の価格については、農業者側からの視点と消費者側からの視点の双方を考慮する必要があります。安すぎると農業者の収入が減り、高すぎると消費者の負担感が高まるため、なにが“適正”かという判断はとても難しいものとなっています。

基本的な考え方として、肥料、農薬、種子などの資材価格やエネルギー価格の高騰による価格上昇については、販売価格に反映させて収益を確保することになります。農産物が高いので家計が苦しい、という声も聞かれますが、物価全体が上がっている中、農産物だけ価格が上がってはいけないというのはフェアではありません。それは単に農業者に利益減少を我慢してもらっていることにすぎません。物価全体と同程度の値上がりであれば、一義的には消費者の所得向上もしくは困窮対策のセーフティーネットにて対応すべきで、不合理な安い価格を農業者に強いる理由にはならないと考えます。

このような背景を踏まえると、「農産物は物価の優等生」という言葉自体がミスリードともいえます。農業者が適切な利益を確保できない状況は持続可能ではありません。さらにいえば、農業資材コストだけでなく、農業者の利益・給与もきちんと上げていくことが重要です。他産業の賃金水準が上がる中、農業者の所得も一定の向上が不可欠だからです。物価水準が全体的に上がる中で、農産物価格も並行して上昇していくのが自然な流れでしょう。

実践！ポイント

合理的で納得感のある価格形成を実現するためには、農業者、食品産業事業者、小売事業者、消費者などの食料システムを構成するステークホルダーのすべてが、持続的な農産物の生産に要する合理的な費用を取引価格、購入価格の決定時に考慮するようになる必要があります。

具体的には、個別の農業者・事業者のコストや販売価格といった機密情報が開示されないよう、産地・品目ごとにまとめて把握し、匿名情報として公開する方法（産地単位で同一品目ごとに見える化）が検討されています。生産・製造・流通・小売などの段階ごとのコスト把握を業界関係団体が担当することで、適切な管理体制を確保することが想定されています。

農業者がきちんと利益を確保できる価格でなければ、離農する農業者が急増し、日本の農業生産力は急落してしまいます。それは、食料安全保障の致命的な弱点ともなります。農業に本気で取り組む農業者がしっかりと稼げる状況をつくることが、日本の農業の持続性の確保においては不可欠なのです。

【価格形成の基本】
需給や品質を「反映」して価格を決定

売り手（生産者など）　⇔　買い手（小売業者など）

＋

【新たな仕組み】
需給や品質を基本としつつ、**合理的な費用を「考慮」**

売り手		買い手
・生産・製造に要する**費用を把握**し、買い手に対して**明確化・見える化** ・**費用が変動**した際、買い手に対し、その**水準や要因などを説明**	①費用の説明 ⇒ ⇐ ②費用の考慮 ③双方合意の下、当事者間で価格を決定 ⇔	・売り手から費用の説明があった場合には、**速やかに価格交渉** ・**需給や品質を基本**としつつ、売り手から説明のあった**費用を考慮**し、価格改定などを検討

コスト考慮の具体的な方法を明確化
（「コスト指標」を活用）

出所：農林水産省

適正な価格形成に関する考え方

- 農産物だけが物価の優等生を押しつけられる時代ではなくなった
- 生産コストの上昇分をきちんと販売価格に反映できることが重要

第2章

スマート農業とは

9 スマート農業の定義

IoT、AI、ロボティクスを駆使したこれからの農業の“標準形”

これからの農業を支えると期待されるスマート農業ですが、実はこれまで法律で定められた明確な定義はありませんでした。筆者の著書『図解よくわかるスマート農業』（日刊工業新聞社）では、「ICT・IoT（モノのインターネット）・AI・ロボティクスなどの先端技術を駆使した新たな農業」と紹介しています※。

農林水産省は、2013年11月に「スマート農業の実現に向けた研究会」を立ち上げ、スマート農業の将来像と実現に向けたロードマップを示し、それを踏まえて、研究開発に対する積極的な支援・補助を実施し、基礎的な技術の確立が進みました。

それが、2024年6月に公布された「農業の生産性の向上のためのスマート農業技術の活用の促進に関する法律（スマート農業技術活用促進法）」にて、いよいよスマート農業が正式に定義されました。この法律では、「スマート農業技術」を、右頁の図に示す①から③までに適合した技術と規定しています。そして「スマート農業」はそのような技術を活用した農業と位置づけられることになりました。スマート農業を定義するのではなく、スマート農業技術が先に定義されていることが特徴的です。

また、農水省はスマート農業の目的として、①超省力・大規模生産を実現、②作物の能力を最大限に発揮、③きつい作業、危険な作業から解放、④誰もが取り組みやすい農業を実現、⑤消費者・実需者に安心と信頼を提供、の5点を示しています。このうち、①③④の3項目は農作業の効率化・省力化や労働力確保を主眼としており、また②④⑤の3項目は収益向上・付加価値向上をうたっています。スマート農業は単なる省力化一辺倒の技術ではない、という点がポイントです。

実践！ポイント

2019年からはスマート農業技術の現場の効果検証を行うため、スマート農業実証プロジェクトが立ち上げられ、全国200か所以上で先進的な実証事業が展開されています。残念ながら実証段階で足踏みしているものも少なくありませんが、実証にて農業者から好評だった技術を中心に、成果が次々と商業段階へと進んでいます。また、先進的なスマート農業技術などの研究開発・実証を行うベンチャー企業や中小企業を対象とした補助制度（農水省中小企業イノベーション創出推進事業）も設けられています。

さらに、2024年5月に成立した「食料・農業・農村基本法」の改正法では、スマート農業が日本農業の活性化のカギとして位置づけられており、今後は「スマート農業が当たり前」という時代に変わっていくと考えられます。

① 農業機械、農業用ソフトウェア、農業用の器具並びに農業用設備又は農業用施設を構成する装置、建物及びその附属設備並びに構築物に組み込まれて活用されるものであること。

② 情報通信技術（電磁的記録として記録された情報を活用する場合に用いられるものに限る。）を用いた技術であること。

③ 農業を行うに当たって必要となる認知、予測、判断又は動作に係る能力の全部又は一部を代替し、補助し、又は向上させることにより、農作業の効率化、農作業における身体の負担の軽減又は農業の経営管理の合理化を通じて農業の生産性を相当程度向上させることに資するものであること。

出所：農林水産省

スマート農業技術の定義

※スマート農業の定義：海外ではスマート農業技術に関して、アグリテック（AgriTech）やアグテック（Ag-Tech）といった呼び方も用いられている。

- 食料・農業・農村基本法の改正やスマート農業に特化した法律の制定により、スマート農業の普及が加速
- 今後、農業全体がスマート農業を前提としたものにモデルチェンジ

10 スマート農業技術の3分類

デジタル化した匠の“眼”“頭”“手”が農業を変える

自動運転農機、ドローン、生産管理アプリ、農業データ連携基盤「WAGRI」など、さまざまなスマート農業技術の実用化が進む一方、あまりにも多種多様な技術があってわかりにくいとの声も聞かれます。スマート農業技術の全体像を把握するため、筆者独自の分類法を紹介します（最近は公共団体や企業の資料でも本分類を使ってもらうケースが増えています）。

①スマート農業の「眼」

スマート農業の眼とは、カメラやセンサーなどを使って農作物や農地などの状態をデジタルデータとして取得することです。

その代表例がドローンによるモニタリングです。ドローンに搭載されたカメラやセンサーで効率的に農作物や農地のデータを取得し、分析する手法が広がっています。高機能なセンサーの場合、可視光だけでなく赤外領域・紫外領域といったヒトの眼に見えない波長もセンシングすることができ、そのデータを活用して農作物の生育状況や品質、土壌の状態などを、ベテラン農業者のように的確に把握することが可能です。特に、それらの状態を“数値化”できる点は、ベテラン農業者を凌駕した能力となります。また、ドローンで撮影した画像をAI（人工知能）で分析して、病害や雑草の有無や種類を瞬時に判断するシステムも実用化されています。

大気の状態（温度、湿度、日射量、降水量、風速、CO_2（二酸化炭素）濃度など）や土壌の状態（地温、EC（電気伝導度）、pH、含水率など）を自動取得できる気象センサーや土壌センサーも、スマート農業の「眼」の代表例です。農業者はセンサーのデータを手元のスマートフォン（スマホ）で“いつでもどこでも”見られるため、圃場（ほじょう）の見回りの手間を大きく減らすことができます。

②スマート農業の「頭」

スマート農業の頭は、「記憶すること」と「考えること」の2つの機能を有しています。作業や圃場環境を「記憶」できる生産管理アプリ（営農支援アプリ）が多数上市されており、ウォーターセル社のアグリノート、Agrihub社のアグリハブ、ライブリッツ社のAgrion、クボタのKSAS（クボタスマートアグリシステム）などが挙げられます。

実用化に時間を要してきたAIやビッグデータの活用についても、いよいよ実用化が近づいてきました。AIを用いた画像解析による病虫害診断や雑草判別のような比較的単純な判断だけにとどまらず、農業用の生成AIが急ピッチに進歩しています。

③スマート農業の「手」

スマート農業の手の代表格が自動運転トラクターなどの自動運転農機です。自動運転農機（田植え機・トラクター・コンバインなど）はGPSやカメラなどを活用して位置情報や障害物を把握し、圃場内を無人で走行し、作業する機能を備えています。また、専用アプリが最適な走行ルートを自動算出してくれるため、事前準備を含めて農業者の負担はかなり軽減されます。

農業ロボットでは、農地や畦畔（けいはん）などを自動で草刈りする除草ロボットや、自動運搬ロボット、自動収穫ロボットなどの開発が進んでいます。筆者が提唱した多機能農業ロボット「DONKEY」も量産機が発売され、本格的な普及が始まっています。

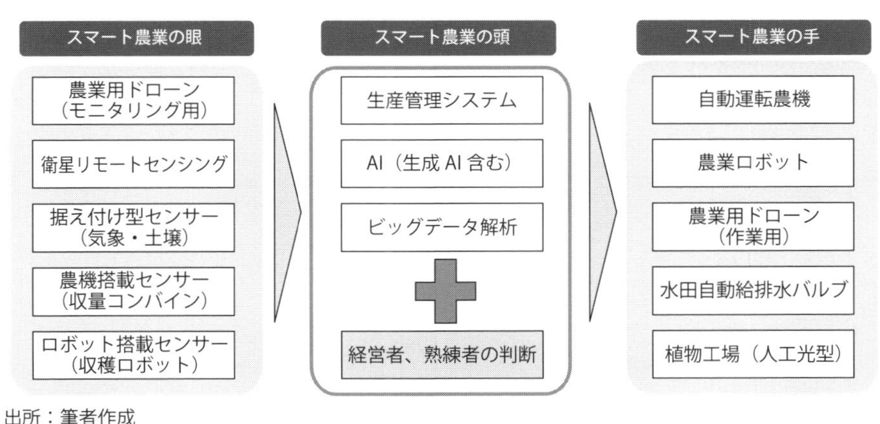

出所：筆者作成

スマート農業技術の３分類

- “眼”“頭”“手”の３分類でスマート農業技術の役割を理解
- 実証段階を経て商業段階に到達した製品・サービスが続々台頭

11 スマート農業の効果①
効率化・省力化

農業人口減少下での規模拡大を実現する切り札

第1章で解説したように、日本の農業人口は今後も急激な減少が見込まれています。これによって農業崩壊のピンチを迎えるのか、発想の転換により“農業者1人当たりの農地面積の大幅増加”と捉えて儲かる農業を実現していくのか、そこに描かれる将来像はまさに天国と地獄です。厳しい逆風をなんとか追い風に変えていくために欠かせないのが、本書のテーマである“スマート農業”なのです。言い換えると、スマート農業による劇的な効率化なしには、日本の農業の明るい未来は描けません。

1人当たりの農地面積の拡大というチャンスを活かすためには、1人当たりの農作業効率性を数倍に高めることが必須です。多くの農業者が現状でも朝早くから農作業を行っており、使える農地が2倍、3倍となっても、2倍、3倍の時間を働くことは当然不可能です。また農業に限らず、各産業で労働力不足、特に安価な労働力の不足が顕著であり、これまでのやり方の延長線ではどうにもならないことがわかります。現に、これまでも農業人口は減少してきましたが、それを他の農業者がすべて引き受けることは難しく、各地で多くの耕作放棄地が発生してしまったのです。

スマート農業では農業者の作業の効率性が飛躍的に高まります。自動運転トラクターを同時に3台動かせば、1人で同じ時間で耕せる面積は3倍となります。また、運搬などの作業支援を行う農業ロボットの場合、2人1組の作業を1人で行うように変われば、作業効率はおよそ1.5～2倍になるとされています。

実践！ポイント

全国で実施されてきた農水省のスマート農業実証プロジェクトでの効率化の成果を見てみましょう。「令和元年度スマート農業実証プロジェクト」での水田作の実証地区（30地区）を対象とした分析では、各実証地区における総労働時間は平均9％削減され、一方で単収は平均9％増加したと報告されています。平均9％をどう評価するかは意見が分かれますが、この分析は実証事業の第一弾を対象としており、まだ技術が発展途上のものが多く見られた状況であり、第一歩としては順調な成果と考えています。詳細なデータを見ると、総労働時間に占める割合が高い耕起・代かきや田植えといった作業に、自動運転トラクターや直進アシスト田植機をセット導入した実証地区では、平均約18％の労働時間削減となっており、本格的にスマート農業を実践すれば大きな成果が挙げられることが見て取れます。

ただし今後の農業人口の減少カーブを踏まえると、将来的には50～70％の削減が必要となり、さらなる技術革新が必要です。そのような高い目標の達成には、“無人農業”や“遠隔農業”といったSF小説的な農業技術さえも必要といっても過言ではありません。

	慣行	実証	削減率	スマート農機
育苗	2.9	2.9	3%	―
耕起・代かき （うち秋耕起）	1.6 (0.22)	1.5 (0.15)	5% (32%)	ロボットトラクター （秋耕起のみ）
移植	3.6	3.2	12%	直進キープ田植機
防除	1.1	0.1	89%	農薬散布ドローン
水管理	0.6	0.3	41%	自動水管理 （7～9月のみ）
収穫	0.6	0.9	−49%	食味・収量 コンバイン
小計	7.5	6.0	**19%**	―
乾燥調製	0.7	0.9	-25%	―
その他	3.2	2.7	15%	―
合計	**14.4**	**12.5**	**13%**	―

※太字部分はスマート農機を導入した作業
出所：農林水産省

大規模水田作における労働時間（時間/10a）

- スマート農業実証プロジェクトでは、大規模実証を中心に着実に効率化、労働時間削減を実現
- 他方でまだ農業人口の減少をカバーできる水準には未達
- 無人作業、遠隔作業といった超高度な技術についてもいまから研究推進すべき

12 スマート農業の効果②
ノウハウ・技術の補完

“誰でもできる農業”を実現

これまでの農業を支えてきてくれたベテラン農業者の大量離農が近づく中、今後の農業を担う若手農業者の育成が重要命題となっています。農業は自然や生きものを相手にした仕事であり、技術習得には時に10年以上もかかるといわれてきましたが、そのような悠長なことをいっていられる状況ではなくなっているのです。

そこで、スマート農業で新規就農者をはじめとした若手農業者をサポートする手法が次々と登場しています。ベテラン農業者が勘と経験を基に把握していた農作物や土壌の状態をセンサーによるモニタリングで代替したり、高度な作業計画策定や業務改善を生産管理システムを駆使して実施したり、ベテラン農業者しか気づけなった病虫害の初期の兆候をAIによる画像診断で発見したりと、いますぐ使えるシステムがすでに登場しています。

農機の操縦技術が不足している若手農業者であっても、自動運転農機・直進アシスト農機や自律作業可能な農業ロボットなどを使えば問題ありません。むしろデジタルリテラシーの高い若手の方が、スマート農業技術の活用においては優秀であるケースも多く見られます。個人的には、農業経験の浅い若者や異業種経験者が高いITスキルを評価されて、農業法人や地域内で活躍し始めているという構造が“おもしろい”と感じています。非熟練者でもいきなり即戦力になれる道ができたわけです。

実践！ポイント

ノウハウ補完の中核となるのが、生産管理システムを活用した情報共有です。生産管理システムで作業のプロセスや手順をデジタルデータとして記録し、非熟練者がそれを参照することで、作業の正確さや効率性を向上させることができます。また、非熟練者の作業記録を共有プラットフォームで管理し分析することで、アプリから改善内容のフィードバックを受けられたり、ベテランからの指導・助言を受けることもできます。

非熟練者をサポートする仕組みとして、近年、特に注目度が高まっているのが生成AIです。汎用的な生成AIは農業現場で使えるレベルではありませんが、農業・食品産業技術総合研究機構（農研機構）が大規模研究事業で研究開発を進めているような農業分野に特化した生成AIであれは、近い将来、“農業者の名参謀”として活躍すると期待されます。

スマート農業を駆使した儲かる農業が実現できれば、早期に離農してしまうケースが減るとともに、新規就農者数の増加につながると期待されます。オランダのように農業が儲かる職業であれば、大卒人材を含め、多くの若者が就農してくれるようになります。

なお、スマート農業はダイバーシティ（多様性）の観点でも期待されています。作業支援型の農業ロボットやアシストスーツは、女性や高齢者の力仕事をうまく支えてくれます。自動運転農機のモニタリング業務やドローンの操縦などの作業では、足が不自由な車いす利用者などの活躍が期待されています。ノウハウ面だけでなく、フィジカル面でも“誰でもできる農業”が近づいています。

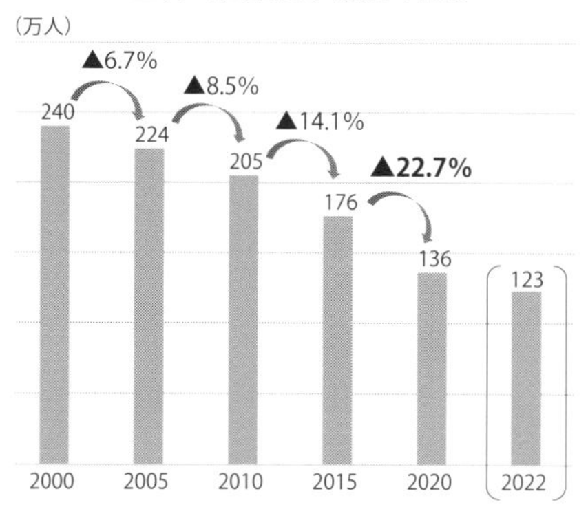

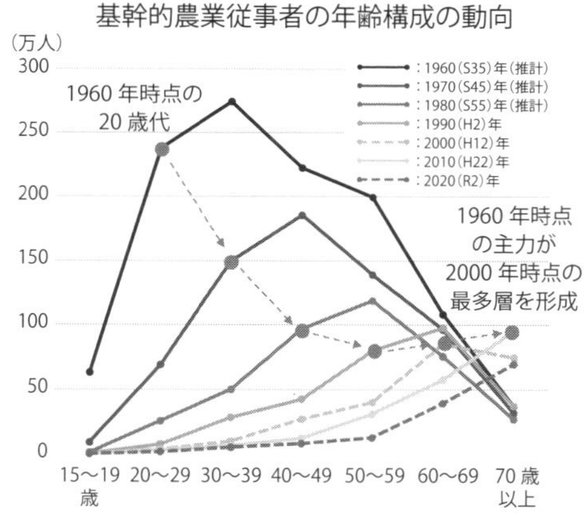

出所：農林水産省

基幹的農業従事者の推移と年齢構成の動向

- ベテランから若手へのバトンタッチは待ったなし
- スマート農業でノウハウ不足と技術不足をサポート可能
- ITリテラシーの高い若者や異業種経験者が即戦力になる“新たな農業経営の姿”が現実に

13 スマート農業一貫体系

スマート農業技術の組み合わせ方がポイント

栽培の各プロセスにどのようなスマート農業技術を導入できるかを網羅的にまとめたものを「スマート農業一貫体系」と呼びます。最近は地域の栽培マニュアルにも掲載され始めるなど、農業者にとってスマート農業の導入時の重要な羅針盤となっています。

はじめに、スマート農業一貫体系の元となる機械化一貫体系について見てみましょう。機械化一貫体系の定義は、「農業の生産プロセスにおいて、耕うん、播種（はしゅ）から収穫、選別、加工、出荷までの全プロセスを機械化し、効率化を図りながら一貫した生産管理を行う体系」となっています。これにより、労働力の削減や作業効率の向上、品質の均一性の確保などが実現でき、農業の機械化一貫体系は、大規模農業や現代の農業生産において重要な役割を果たしてきました。

つまり、機械化一貫体系は、手作業中心の農業に農機を導入するようになった際に、何の作業をどのような農機に置き換えていくかを明確化したわけです。これをスマート農業版に置き換えたものが、スマート農業一貫体系となります。手作業⇒機械、と同様に、今回は（通常）農機⇒スマート農機への転換をわかりやすく示していることになります。これによって、スマート農業を導入する際に、単品の“つまみ食い”では効果を発揮しにくいという問題点を解消することができます。

実践！ポイント

生産管理システム、除草ロボット、運搬ロボットのように同じ技術（機種や仕様は作物によって異なるケースがあります）が使われる作業がある一方で、耕うんや潅水などでは導入する技術に違いがあります。まずはスマート農業一貫体系を見て、どのような技術を探せばよいかの見当をつけることが有効です。

農水省の支援により全国で実施されているスマート農業実証プロジェクトなどを通して、さまざまな品目でスマート農業一貫体系が構築されつつあります。例えば、鹿児島県さつまいもスマート農業実証コンソーシアムはスマート農業実証プロジェクトの成果を「サツマイモ生産に対するスマート農業一貫体系技術資料（サツマイモスマート農業活用マニュアル）」として取りまとめ、ウェブサイト※で公開しています。

本書では、稲作、野菜作、畜産などに分けて、各章のはじめに作物ごとのスマート農業一貫体系を紹介して、その上で具体的なスマート農業技術の仕組みや事例を紹介しています。全体像を把握した上で各技術を見ると、その技術が自分にとって必要かを判断しやすいかと思いますので、ぜひその順番で目を通してみてください。

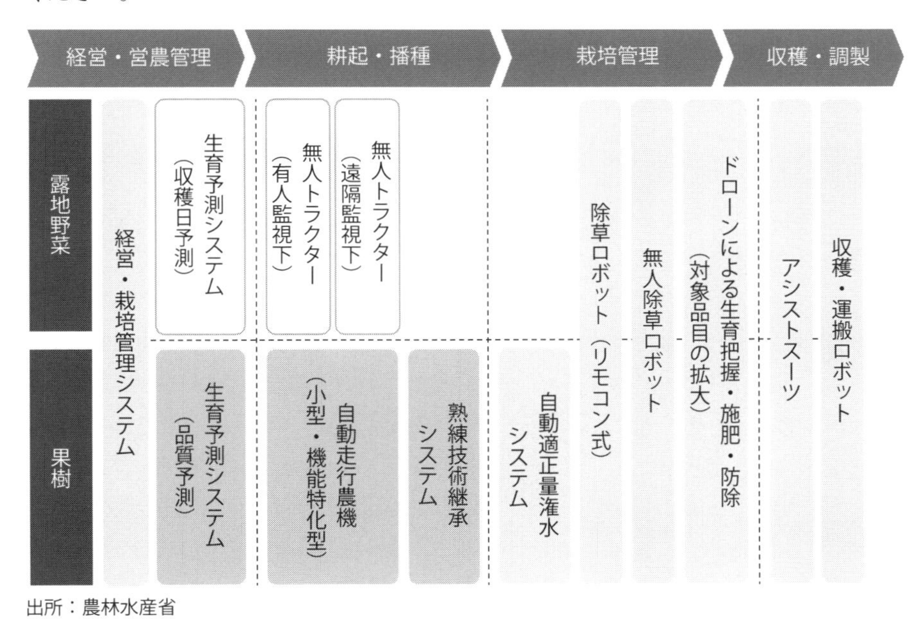

出所：農林水産省

スマート農業一貫体系の例（露地野菜、果樹）

※サツマイモ生産に対するスマート農業一貫体系技術資料のウェブサイト：
https://sweetpotato.co.jp/wp-content/uploads/2022/04/sweetpotato_smartagri_manual.pdf

- 作物ごとにどのようなスマート農業技術を導入すればよいかを示した羅針盤
- スマート農業の導入を検討する時には、はじめにスマート農業一貫体系を見てみよう
- ただしすべての作物で揃っているわけではなく、地域ごとに差がある点に要注意

第3章

実践Ⅰ

稲作などの土地利用型農業でのスマート農業

14 稲作、麦作などのスマート農業一貫体系

スマート農機を核とした高効率な作業体系

近年拡大している大規模水田作でのスマート農業一貫体系を紹介します。

栽培前の耕起作業から収穫・調整までに一連のプロセスを包含して管理するのが生産管理システムです（営農支援システムとも呼ばれています）。作業計画の共有、作業履歴の記録、作業データの分析などが可能で、スマート農業の第一歩となる存在です。さらにGISの機能を備えたシステムの場合には、地図やドローン空撮写真などの上に作業履歴などを重ねて管理することが可能となっています。

稲作に必要な主要農機であるトラクター、コンバイン、田植え機の3つは、あわせて「トラコンタ」と呼ばれています。このうち、スマートトラクターが先行して実用化に至り、農地の耕起・整地などで活躍しています。スマートトラクターにはさまざまな商品があり、一番普及が進んでいるのがGPSによる操舵アシスト（直進アシスト）トラクターです。さらに高度な技術が用いられているものでは、有人走行のトラクターに無人走行のトラクターが自動追従する協調運転トラクター、完全に無人で走行する自動運転トラクター（遠隔で人による監視）などがあり、劇的な効率化が可能となっています。

実践！ポイント

イネの栽培では、事前に水田に水を張った上で田植えを行い、その後も緻密に水管理（水位の調整、排水など）を行っています。従来の手法では水田の見回りを行い、必要に応じて給水弁を開いたり落水板を上げたりしていましたが、自動給排水システムを導入すれば、基本的に遠隔からのモニタリングと操作だけで済みます。取水・排水の方法は製品によって異なりますが、いずれも遠隔操作もしくは自動で水田への取水、水田からの排水を行う機能を備えています。

田植えのためのスマート農機が、スマート田植え機です。スマートトラクターよりも構造が複雑なため製品化が遅れていましたが、各メーカーや研究機関による研究開発と実証を経て、実用化に至っています。

稲作は時に“雑草との闘い”ともいわれるほど、除草作業が重要となっていま

す。除草ロボットは、畦畔の雑草を刈り取る除草ロボットと、水田内の雑草の発生を抑制する抑草ロボット（アイガモロボットなど）の2つに大別されます。

栽培中のモニタリングではドローンが活躍しています。水田での稲作の場合には主に生育状況の見える化に用いられますが、他作物では病虫害のモニタリングや雑草のモニタリングなどにも使われています。

防除や追肥作業でもドローンが活躍しています。それほど重たいものは運べないため、病虫害発生地点へのピンポイントでの農薬散布や、生育が遅れている地点へのピンポイントでの液体肥料散布などを得意としています。

収穫の際にはスマートコンバインが用いられています。特に地点ごとの収量を計測可能な収量コンバインを導入し、そのデータを翌年度の施肥設計などに反映する取り組みが注目されています。なお、収量コンバインを使用する際には、基本的にGIS機能を備えた生産管理システムを使う必要があります。

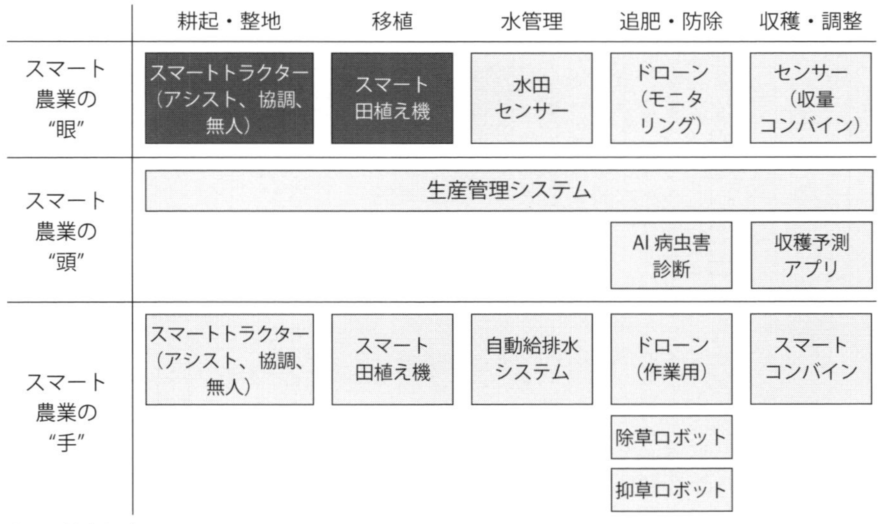

出所：筆者作成

水田におけるスマート農業一貫体系

- 主要な作業のほとんどで高効率なスマート農業技術を活用可能
- 中小規模の農業者が単独でフルラインアップのスマート農機を揃えるのは困難。農業支援サービスの活用を視野に

15 モニタリング用ドローン

農地の除草作業を大幅に効率化

農作物の栽培においては、定期的に農作物の生育状況や土壌の状態などを把握した上で施肥、防除、除草、収穫などの作業を行うことが求められます。しかし、農業者1人当たりの農地面積の拡大が見込まれる一方、1人の作業時間は限られているため、従来のように農業者が自らの眼ですべての圃場（ほじょう）の作物や土壌などの状況を見て回ることは難しくなりつつあります。

また、経験の浅い農業者にとっては、圃場を見回っても農作物の状態を見ただけで、何の病虫害が発生しているか、どのような肥料が不足しているかといった判断をするのは簡単ではありません。

そのような中、ドローンなどで取得したデータに基づくモニタリング手法が実用化され、普及が進んでいます。ドローンなどで鳥の視点のように上方から撮影した画像をAI（人工知能）などで解析し、農作物の生育状況や土壌の状態を把握する技術です。ドローンによるモニタリングを行うには、ドローン本体、専用カメラ（マルチスペクトルカメラなど）、スマートフォン（スマホ）もしくはタブレット、画像処理ソフトなどが必要となります。モニタリング用ドローンについて、最近は国内メーカーからも優れた製品が販売されています。ドローンの操作自体はそれほど難しくはなく、専用アプリで自動飛行・撮影してくれる機能を備えた機種も少なくありません。モニタリング用ドローンの強みは、農業者が通常見ることのできない上方からの視点でデータ取得できる点と、人が見ることのできない波長を“見る”ことができる点です。つまり単に農業者による見回りをデジタルにおきかえるだけでなく、人間によるモニタリングを超えることも可能なのです。

具体的な活用例としては、追肥時期や必要箇所の判定、倒伏リスク診断などが行われています。マルチスペクトルカメラで得られたデータを解析し、植生指標（NDVI）マップを作成すると、肉眼では把握しにくい生育のばらつきを見える化することができます。このマップを基に、生育が遅い箇所に追肥をするなど、適切な対処を行うことが可能となります。

ドローンで撮影した画像をAIで解析する技術も次々と実用化されています。

牧草地においてはドローンで撮影した画像をAIで解析し、雑草が生えている箇所を特定する仕組みが実現しています。雑草が繁茂すると餌となる牧草が減少してしまうだけでなく、種類によっては家畜にとって有毒なものもあるため、できるだけ雑草を除去することが求められます。一方で、広大な牧草地で目視によって雑草を探し出すことは不可能に近く、ドローンモニタリングだからこそ実現可能な放牧モデルを作り上げることができます。また、AIを活用したドローン画像による病虫害診断については24項で詳しく説明します。

実践！ポイント

ドローンモニタリングを導入する際に注意すべき点は、どこまでを自ら行うかという判断です。ドローンモニタリングのためには、主にドローンの操縦と撮影した画像の解析の技術が求められます。また、資金を投じてドローンを購入しても農地面積が狭い場合には、その能力を持て余す結果となります。

大規模な農業法人の場合には自らドローンを購入して運用するのも一手ですが、そうでない場合には、ドローンモニタリングを外部に委託することも選択肢となります。また、ドローンによるデータ取得は自ら実施し、データ解析のみを専門業者にお願いすることも可能です。例えば、オプティム社はドローンによる作物のモニタリング、データ解析、農薬の必要な箇所へのピンポイント散布を一気通貫で提供しています（24項で詳述）。

出所：新潟県

モニタリング用ドローンによる生育状況の見える化（NDVI）

- ドローンによるモニタリングで生育状況や病虫害の発生状況を効率的に把握可能
- 豊富な知見を有する専門事業者にドローンモニタリングを依頼するのが有効

16 生産管理システム

スマート農業の“はじめの一歩”

「スマート農業を体験してみたいが何がよいか」と聞かれた場合には、「スマホで使える生産管理アプリを導入してはどうか」と薦めることが多いです。どのような品目であっても、生産管理、栽培管理は欠かせないからです。裏返せば、生産管理システムを活用した作業計画や実績の把握、PDCA（計画⇒実行⇒測定・評価⇒対策）による改善を抜きに単にスマート農機を入れても必ずしも効果を発揮しないということです。

農業者は作業内容を作業日誌に記録し、管理しています。記録が必要な理由は大きく2つあります。1つ目が、農薬のように使用制限があるものについて、使用した種類や散布量を記録しておくためです。減農薬・減化学肥料の特別栽培の認証やGAP（農業生産工程管理）の認証などの取得に使用したり、出荷先によっては、農薬などの使用履歴の開示を求められることもあります。

2つ目が、作業履歴を分析し、栽培手法の改善や人員配置などの見直しに活用するためです。地域の中核的な農業法人では、営農面積の増加に伴い、管理する圃場数が増え、手書きの日誌では管理が困難となっており、デジタルデータでの管理が一般的になっています。

このような作業履歴の管理は、もともとは手書きの日誌がメインで、その後Excelなどでの管理に移行し、現在はスマート農業技術の1つである生産管理システム（アプリ）が存在感を増しています。

実践！ポイント

生産管理システムの概要について見ていきましょう。このシステムは、スマホ、タブレット、PCなどで利用可能で、栽培計画の作成、作業内容の記録、作業履歴の分析などができるシステムです。生産管理システムを用いることで、農業者は現場でいつでも作業内容を記録することができ、経営者や農場長はリアルタイムにそれをチェックすることが可能です。例えば、午前の作業履歴を昼休み中に確認して、午後の作業計画を見直したり、各担当者に注意事項を通知する、といった柔軟な運用が実現しています。

手書きの日誌や手作りのExcel表よりも優れている点の1つに、データ閲覧が容易な点が挙げられます。過去の作業履歴を簡単に振り返ることができ、アプリによっては主要な指標（労働時間や作業効率性など）を自動的に算出してグラフや表にまとめて比較できる機能を備えているものもあります。

また従来の手法では不可能な使い方として、農業データ連携基盤「WAGRI」との接続があります。WAGRIには農業・食品産業技術総合研究機構（農研機構）、企業、大学などが提供するさまざまなAPI（ソフトウェア、プログラムなどの間をつなぐインターフェースのこと）やデータベースが揃っており、例えば生産管理システムのデータをWAGRI上の収穫予測APIにて分析し、収穫日や収穫量を予測する、といった高度な使い方が可能となります。また、気象センサーや土壌センサーの取得データの自動入力や、ドローンモニタリングの結果のインポートなども生産管理システムならではの機能です。

大手農機メーカー、大手SI企業、ベンチャー企業など、さまざまな企業が生産管理システムを提供しています。製品ごとに差が出るのが、データ入力のインターフェイス、対応品目・重点品目、農薬の使用制限の表示機能、センサー連携、外部サービス連携などの点です。導入を検討する時は、栽培品目、栽培規模、用途を踏まえて自らに適したサービスを選択してください。また、同じシステムを利用している農業者間ではデータ比較や統合がしやすいため、地域のJA（農業協同組合）内でおすすめのシステムを選定していたり、複数地域で展開する農業法人の場合には使うシステムが標準化されていたりします。

ここからは生産管理システムの具体事例をいくつか紹介していきましょう。

① Agri-note

「Agri-note（アグリノート）」は、農場の情報や作業記録、生育記録などをデジタル化して一元管理できる生産管理システムです。Googleマップや空撮画像を基にした圃場マップを活用し、圃場の管理や作業指示を直観的にわかりやすく、かつ正確に行うことができます。圃場ごとに「誰が」「どのような作業を」「何の機器や資材で」実施したかを記録でき、さらに区画ごとの作業記録を自動集計してくれるため、予実や進捗の確認、課題の把握が容易となります。専用のモバイルアプリが提供されており、スマホやタブレットから操作可能な点も特徴的です。また、利用料が比較的安価なことも農業者から高く評価されています。

アグリノートは生産管理システムの中でも初期に立ち上がったサービスで、すでに多くの農業者が導入しており、2023年9月時点での利用組織数は2万組織を超えています。農林水産省のスマート農業実証プロジェクトでも、全国各地のさまざまな実証にて採用されており、さらなる機能向上につながっています。どのような生産管理システムを入れるか検討する際に、多くの場合、アグリノートが候補に入っていると聞きます。

随時アップデートされ機能が拡充しているとともに、外部サービスとも連携しているため、生産者のニーズに応じて発展的な利用ができるようになっている点も強みの1つです。

アグリノートの特徴の1つとして、データ入力の容易さがあります。生産管理システムを利用する際のハードルの1つとして、これまで紙に書いていたことを、スマホなどで入力する手間があります。農業者の中には、スマホ操作にまだ慣れていない方もいるでしょう。アグリノートの場合、シンプルな入力画面になっていること、スマホ／タブレットのGPS機能を活用した自動記録下書き機能があること、農機メーカーのアプリと連携した自動記録があることで、データ入力のハードルを下げています。

アグリノートのもう1つの特徴として、農業者の必要性に応じて外部サービスと連携できることが挙げられます。アグリノートは、必要な機能を一通り備えるとともに、外部サービスと連携することで機能を拡充できるバランスのよいアプリケーションといえます。

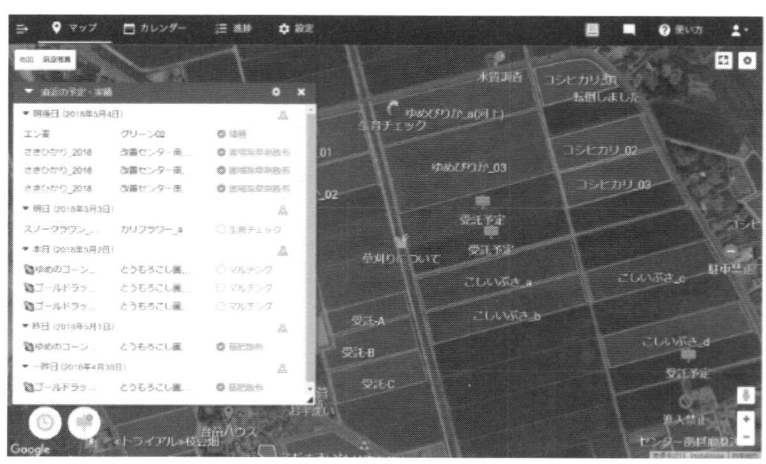

出所：ウォーターセル株式会社

多くのスマート農業実証で活用されている「Agri-note」

② Agrion

「Agrion（アグリオン）」は、ICTを活用した農業経営支援アプリで、作業の記録や圃場管理、営農日誌や農薬使用記録などのレポートの作成、納品書や請求書の作成など、さまざまな業務を簡単に行うことができます。また、アグリオンでは作業記録やデータ分析、情報の共有なども行うことができ、日々の営農を数値で見える化し、経営改善に貢献しています。

アグリオンの特徴として、「Agrion果樹」という果樹専用の生産工程可視化アプリを備えており、樹木1本1本の作業記録をデータ化できる点が挙げられます。稲作や野菜作などでは基本的に圃場単位でデータを管理するか、GISを活用して数m四方のマスごとにデータを管理していますが、樹ごとに生育状況が異なり、必要な作業に差が出る果樹では、そのようなデータ管理手法は馴染みません。多種多様な生産管理システムが市販化されていますが果樹に的確に対応しているものは数少なく、アグリオンなどの少数のシステムの独壇場となっています。

③ Z-GIS

生産管理システム、営農支援システムの中には、GISにより地図上で情報管理を行うものもあります。JA全農（全国農業協同組合連合会）が提供する「Z-GIS」は、効率的な農場管理を実現するための営農管理システムです。このシステムでは圃場情報をインターネットの電子地図と関連づけ、農場管理を効率化しています。具体的には、地図上の圃場の形に合わせて作成した圃場ポリゴンとExcelで管理した圃場の情報を紐づけ、クラウド上でデータ管理しています。従来は紙で管理されていた圃場情報をデジタル化し、クラウドにデータを保管することで、農場経営の情報化・効率化を図ることができます。

JAとしては、Z-GISを活用することで、地域内の作付け品目や品種、生産履歴などを一括管理し、地理情報と栽培データを結びつけることもできるようになります。

POINT

- 農業経営もPDCAを行うことが当たり前に
- さまざまなアプリが提供されており、自分にあったものを選ぶことが可能
- WAGRIと接続しているか要チェック

17 収穫予測シミュレーション

豊富な研究実績から生まれたアプリが実用化

コメ、コムギ、トウモロコシなどの穀物の栽培は土地利用型農業と呼ばれます。土地利用型農業は相対的に「営農面積が広い一方で、面積当たりの売り上げは低い」点が特徴で、儲かる農業を実現するためには、いかに安定的かつ効率的に生産するかがポイントとなります。

わが国の稲作や麦作などではすでに機械化が進んでいるものの、農業人口が急速に減少しており、現在の効率化や省力化の水準では生産規模を維持するのが難しくなっています。稲作などの年間の作業負荷を見ると、収穫作業が作業負荷のピークの1つとなっていることがわかります。収穫の負荷を下げれば、稲作などのさらなる規模拡大、利益増加が実現可能というわけです。

収穫の効率化のためには、収穫時期や収穫量を事前に予測し、人員や農機を適切に配置することが欠かせません。一方で、生育途中のイネやムギを見ただけで、収穫時期を予測するためには熟練の技が必要となります。そこで農水省では、誰でも容易に収穫時期・量を予測できるシミュレーションモデルの開発を積極的に支援してきました。

収穫予測シミュレーションにはさまざまなものが存在しますが、日射量、気温、CO_2（二酸化炭素）濃度などの変化に応じて、収量や収穫時期がどの程度変化するのかシミュレーションを行うものが基本形となります。ただしこの手法だと外部環境だけに依存した予測となり、農業者の創意工夫や作業実績が反映されません。そこで最新の研究では、施肥のタイミングや肥料の成分構成によって、生育がどのように変化するかを予測に反映するモデルも開発が進んでいます。

収穫予測シミュレーションに関する研究は以前より行われていましたが、従来はその成果は論文として公表されるだけに留まることが一般的でした。しかし、論文の内容を農業者が自力で栽培現場にて活用することは簡単ではありません。そこで、近年の公的な研究事業や実証事業では、研究・実証の成果をシステムとして実装することを強く求めており、さまざまな品目を対象とした収穫予測シミュレーションのアプリ、システムが数多く生み出されました。その多くが農業データ連携基盤「WAGRI」を通してAPIとして提供されており、農業者の作業に役立つツールとして普及が進んでいます。

実践！ポイント

シミュレーションを活用して収穫作業の効率化、資材の使用量削減、収穫量向上などの成功事例が各地で見られます。加えて、気候変動による高温障害などの生育障害の被害の低減にも活用され始めています。

農研機構などが提供するイネ、コムギ、ダイズを対象とした栽培管理支援システムでは、同機構が運用する「メッシュ農業気象データシステム」と、農作物の生育や病害発生などに関する予測モデルを組み合わせて用いています。

農業者は栽培管理支援システムのホームページにアクセスした上で、地図上で圃場の位置を選択し、栽培品目・品種・播種日などを入力して作付け情報を登録します。農業者は、現在の発育ステージの推定や、幼穂形成期・出穂期・成熟期の予測に関する情報が得られます。葉色などのデータを追加入力すれば、高温環境下における品質被害の軽減に効果的な追肥量の診断なども可能です。収穫や移植の適期診断、紋枯病や稲こうじ病の発生予測、異常高温・低温およびフェーンの警戒情報も配信されており、栽培管理に有効な情報源となっています。

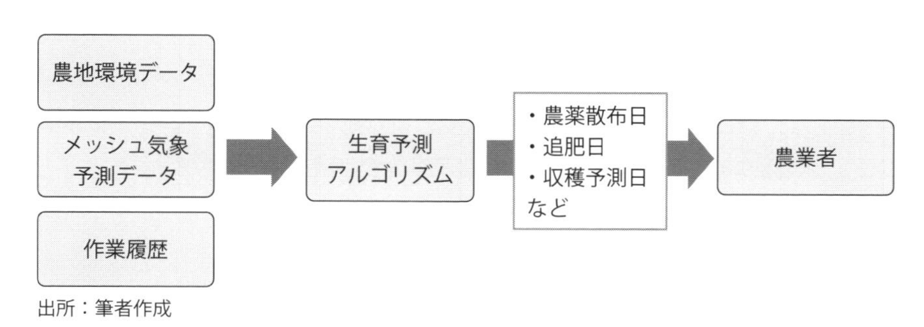

収穫予測シミュレーションの概要

- 多品種栽培で作業負荷を平準化する“儲かる稲作モデル”に適したサービス
- 対象となる品目・品種が急拡大中

18 水田自動給排水システム

遠隔・自動操作により匠の水管理を効率的に実現

稲作は農地に水を張った上で苗を植える、という他作物とは大きく異なった栽培手法となっています。田面水（イネの栽培期間中に水田に張る水のこと）は単に水分をイネに供給するだけでなく、雑草の発生抑制や害虫対策など、さまざまな役割を有しています。収量や品質の向上には、生育状況、気象条件、土壌条件などに応じて、水田のこまめな水位調整や排水操作といった適切な水管理が必要となります。

高齢化・労働力不足や規模拡大によって、水田を見回って目視で水張り状況を確認し、手作業で給水栓の開閉や調節を行うというやり方は成り立たなくなってきました。そのため、水管理に十分な時間をさけず、管理レベルの低下する事態が各地で発生しています（水管理に要する時間は全作業時間の1/3程度といわれています）。

水管理の負担を軽減するスマート農業技術が、水田自動給排水システムです。自動給排水システムは、センサーや制御装置、バルブなどの機器から成り立っています。センサーは水位を検知し、制御装置はその情報を基に水の供給や排水を制御します。クボタの圃場水管理システム「WATARAS」、ほくつうの「水（み）まわりくん」（もともとの開発主体は積水化学工業で、2022年にほくつうに事業譲渡）、farmo社の「水田ファーモ」などが実用化されています。

実践！ポイント

これらのシステムでは、スマホやパソコンを用いた圃場モニタリングや遠隔操作、給水および排水の自動制御が可能です（製品によって未対応の機能あり）。農業者は日々圃場を見回る必要がなくなり、給排水作業の手間もなくなるため、水管理の労力を大幅に削減できます。自動給排水システムは、流し込み施肥（水田の水口から灌漑（かんがい）水と一緒に液体肥料や専用流し込み肥料を施用する手法）にも活用されています。

このシステムの効果について見てみましょう。一例として、農水省の実証事業では、水管理にかかる時間を約80％削減、出穂期から収穫までの用水量を約50％削減という結果が示されています。また、システムのサポートにより適切な水管理が実現するため、水使用量の削減につながり、環境負荷低減に資すると評価されています。

また、farmo社の水田ファーモは水位センサーとセットでの導入となっており、水管理作業の省力化に加え、設定した水温になるように自動で夜間給水する機能を有しており、コメの品質向上に貢献しています。

使い勝手がよく、費用もさほど高くない水田給排水システムは農業者から高い評価を獲得し、スマート農業を代表するヒット商品となりました。効率化によって規模拡大を支えると同時に、品質向上や気候変動リスク対策にも効果を発揮するスマート農業技術として、今後のさらなる普及が期待されます。

01 認識

クラウドサーバーに送信

センサー部

センサリング技術＋天候予測

・水位／水温
・温度／湿度／照度／葉面濡れなど（オプション）
・ピンポイント天気予報（1km メッシュ）
・風向／風速／降雨量予測（1km メッシュ）

02 判断

データ解析

データ送信

スマホで受信

データサイエンス技術

・高温登熟対策
・病虫害雑草予察
・収穫時期予測
・作物種別水管理など

03 制御

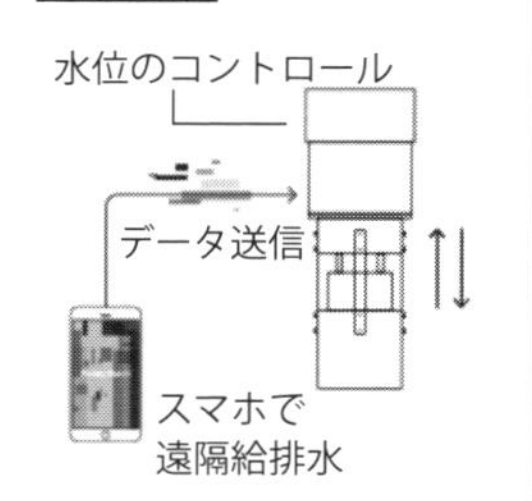

ロボット技術

・水位の自動コントロール
・浅水／深水／干しなど
・品目別／エリア別／移植時期別など
・スマホなどで一括水管理

出所：ベジタリア株式会社

水田における自動水管理システムの全体像

● 大規模、中規模な稲作農家の水管理の労力を大幅削減可能
● 気候変動（特に猛暑）などのリスク対策にも効果を発揮

19 自動運転農機

超効率化を実現する“スマート農業の象徴”

農業者の高齢化や農業者1人当たりの営農面積の拡大に伴い、農作業の省力化が欠かせなくなっています。離農した農業者の農地を受け入れて規模拡大できるのか、耕作放棄地が急増してしまうのか、スマート農業によりどれだけ効率化できるかが分かれ目となっています。

スマート農業による効率化の中で、特に近年、技術革新が目覚ましいのが自動運転農機です。自動車の自動運転と同様、自動運転農機も基本的にGPSや準天頂衛星などの位置情報やカメラ、センサーのデータを利用して走行します。スマート農機の自動運転には複数のレベルがあり、最もシンプルなのが直進アシスト（操舵アシスト）型です。広い農地、特に凹凸の多い農地では、単にまっすぐ走るだけでも簡単な操作ではありません。アシスト機能を使えば、新規就農者でも容易に正確な走行・作業が可能となります。

次の段階として、協調運転型のスマート農機が挙げられます。これは農業者が実際に搭乗して運転する農機を、無人の農機が編隊を組んで追いかけるという仕組みで、農業者1人当たりの作業面積が同時稼働の台数分だけ増えることになります。農業者が実際に走行したルートを無人機がついていく方式のため、完全自動運転と比べて制御などの技術ハードルは低くなっています。

最も高度な制御が求められるのが、自動運転農機です。GPSなどから得られた高精度な位置情報を元に、事前に設定したコースを農機が自動的に走行します。なお、従来の農機のハンドルに後づけする形で「半自動走行（直進時のハンドル修正操作不要)」を実現する装置もあります。

実践！ポイント

圃場の場合は一般道路のような地図や白線などのガイドとなるものがありませんので、事前に圃場のポリゴンデータを取得したり、手動運転で事前に圃場マップを作成したり、マーカーあるいは補正情報発信の基地局を設定したりする準備が必要となります。技術の進歩により自動走行の精度が急激に高まっており、現時点では数cmの誤差範囲と、農作業での実用レベルに耐えうる水準をクリアしています。自動運転の際に気になるのが事故リスクですが、農水省では2017年3月に「農業機械の自動走行に関する安全性確保ガイドライン」を策定しており、メーカーがガイドラインを順守することで実際の圃場でも自動走行を安全に行うことができるようになっています。

これまで農機の操作にあたっては、メーカーの研修などは実施されているものの、農業者の熟練度によって生産性が左右されてきました。自動運転農機はこのような属人的な問題の解決にも貢献するもので、特に非熟練者にとっては早期に一人前の作業効率を実現できる“便利アイテム”といえます。現在、大規模農業者や農業支援サービス事業体を中心に、まずは操舵アシスト農機を中心に普及が進んでいます。

出所：農林水産省

自動運転農機の例

具体的！実践例

自動運転農機が用いられている作業について見てみましょう。自動運転農機が対象とする作業は、畝立てや施肥のような栽培初期段階から、収穫段階まで幅広くカバーしています。今後も続々と新たな機械・機器の製品化が予定されています。

一方、自動運転農機の課題は高額な導入費用です。現状のスマート農機の多くは北海道、東北地方などの大規模圃場での利用を想定しており、大型農機が一般的なことも、高コストの一因となっています。その背景には、高額な大型農機の方が自動運転機能の追加に必要なコストがそれほど目立たない、というマーケティング戦略の側面もあります（例えば、800万円の大型農機に200万円の追加コストがかかるケースと、300万円の小型農機に200万円の追加コストがかかるケース）。

ただし、スマート農業の開発・普及が進んできたことにより、一般的な面積の圃場でも活用できるような中小型機も出てきています。自動運転機能の低コスト化と相まって、近い将来、より多くの農業者が導入可能な状況になると想定されます。

自動運転農機のコストパフォーマンスを高めるためには、高い稼働率を維持することが最重要ポイントとなります。自動運転農機は特定の作業と紐づいており、1つの圃場に対しては数日間だけの稼働であるのが一般です。実証試験でも農業者から「性能はよくても費用が高すぎると自分では導入できない」という声が挙がっています。導入費用を回収できるだけの稼働率を確保するため、グループで購入して別々の月に数日ずつシェアして共同利用する、農業支援サービス事業体のレンタルサービスを活用するなどの工夫が求められます。

こうした取り組みは単独の農業者だけでは実施するのが難しいことも多く、産地全体で自動運転農機をどう導入・活用していくかの議論も必要になります。特に通常の農機よりも運転に必要なスキルが高いことから、共同所有だけでなく、オペレーター派遣や作業委託を含めた検討が求められます。農水省も2020年度よりスマート農機のシェアリングの推進政策を展開しており、2024年のスマート農業促進法でスマート農業技術活用サービスの拡大が盛り込まれたように、今後の農機の利用形態のスタンダードになり始めています。

より高度な自動化

レベル3	完全無人化（遠隔モニタリングでの農道・圃場の自律走行）
レベル2	有人監視下での自動化・無人化（協調運転農機→自動運転農機）
レベル1	操舵アシスト（直進などの操舵をサポート）

出所：農林水産省資料などを基に筆者作成

農機の自動運転のレベル分け

無人運転トラクター

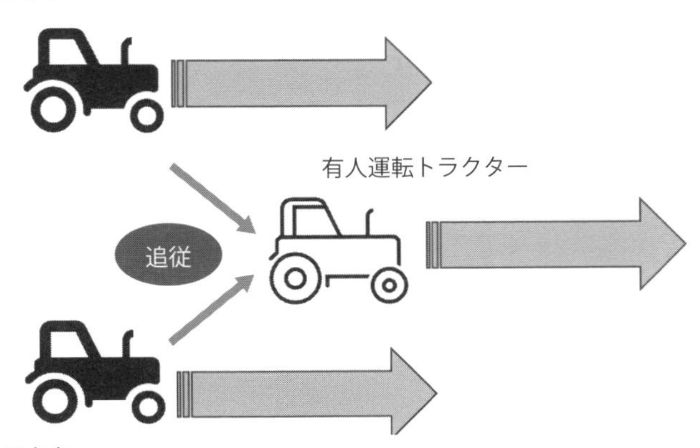

出所：筆者作成

協調運転農機の運用例

- 自動運転の技術水準は、安全性を含めて実用化レベルに到達
- 自動運転農機の普及が加速（特に操舵支援システム）
- 導入拡大には地域内での農機シェアリングや農業支援サービスの活用などによる稼働率向上の工夫が不可欠

20 除草ロボット

農地の除草作業を大幅に効率化

農地における除草は時間がかかり、かつ頻繁に実施する必要があるため、負荷の高い作業となっています。除草を怠り雑草が繁茂すると、農作物に必要な水分や養分を奪い、農作物の成長を阻害してしまいます。また稲作の場合、水田の畦畔（水田に注いだ水が外に漏れないよう水田の周囲に作った盛り土部分のこと）での雑草の繁茂は水路からの水漏れにつながってしまい、水田の所有者だけでなく周辺の農業者にも悪影響をもたらしてしまいます。

雑草を取り除く方法は、刈り取る・抜き取るなどの物理的対処と、除草剤などの薬剤散布があります。ここでは物理的対処を行う除草ロボットに焦点をあてます（なお農薬散布ロボットについては26項で詳述）。

和同産業社の自動走行無人草刈機「KRONOS」は3輪駆動の小型ロボットで、あらかじめ設置したガイドワイヤー内を自律移動しながら除草を行います。このロボットは超音波センサーや接触センサーを活かして果樹や柵などの障害物を回避したり、雑草の硬さや密度を判断して走行速度を変更したりする機能を備えています。本田技研工業の除草ロボット「グラスミーモ」も同様の機能を有する製品で、果樹園などで効果を発揮しています。ともに電池残量が少なくなると自動で充電ステーションに戻る機能を備えており、農業者の手間を大きく削減してくれます。

水田の畦畔用の除草ロボットに関しても多くの企業や大学などが開発・実証に取り組んでいます。畦畔で使用するためには傾斜面での安定走行が不可欠で、一例として牛越製作所の傾斜角45度に対応したラジコン草刈り機が挙げられます。同社は大学や農業試験場などと共同で、ラジコン草刈り機をベースに自動運転機能を付与する実証事業を実施しています。

実践！ポイント

除草ロボットは作業時間の大幅削減に貢献しますが、多種多様な製品が存在しており、機能や完成度にかなり差があります。自らに適した除草ロボットを導入するためには、除草が必要な面積と頻度に合わせたスペックの選定、農地や畦畔の傾斜に対応可能かの事前確認などが重要となります。

水田内の除草では、アイガモロボットが注目されています。厳密には雑草を除く“除草”ではなく、発生を抑制する“抑草”を自動で行うロボットで、家畜であるアイガモを用いたアイガモ農法※から着想された技術です。フロートで水面に浮かび、スクリューなどで水を攪拌することで水を濁らせて日光を遮断し、雑草の生育を抑制するという仕組みとなっています。

水の攪拌により抑草するロボットはいくつか市販化されています。その多くが50〜70万円程度で導入可能とされており、比較的導入しやすい点も特徴です。

除草ロボットは価格がさほど高くないため、大規模な農業法人の場合には自ら購入して利用するモデルが想定されます。一方で、中小規模の農業者の場合は購入すると稼働率が低くコストパフォーマンスが悪いため、必要な時期にレンタルする、他の農業者と共同所有（シェア）する、除草ロボットを有する事業者に除草を委託する、といったやり方が有効です。

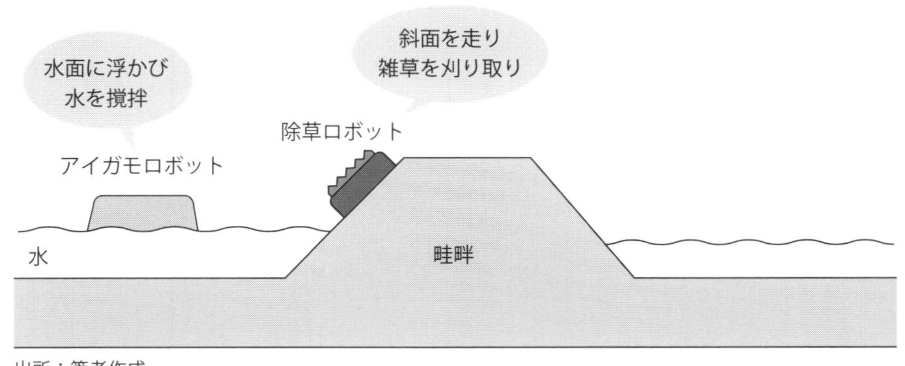

出所：筆者作成

除草ロボットの活用シーン

※アイガモ農法：水田に放ったアイガモのヒナにより、除草や害虫駆除を行う環境調和型農法。

- 農業者を悩ます除草作業に対し、除草ロボットがいよいよ社会実装
- 草刈りを自動で行う“除草版ルンバ”が50万円程度で台頭
- 水田内で活躍するアイガモロボットも市販化

第4章

実践Ⅱ

野菜作、果樹栽培でのスマート農業

21 野菜作・果樹栽培などのスマート農業一貫体系

ロボティクス活用が実現のカギ

稲作のスマート化に続き、野菜や果樹の栽培においてもスマート農業技術の導入が加速しています。野菜作については、キャベツ、レタス、ニンジンなどを大規模栽培するパターンから、トマト、キュウリ、ナスなどの果菜類を小規模に栽培するパターンまで、多様な栽培方法があるため、ここではその一部を紹介します。

生産管理システムの活用や、スマートトラクターによる耕起・整地については稲作と同様の機器・システムが用いられていますが、生産管理システムにはそれぞれ得意としている品目がある点に注意が必要です。

播種（はしゅ）・育苗においては、まだスマート農機の活用事例は多くはありませんが、ドローンによる種子の散播などが始まっており、点播用の農業ロボットの開発も行われています。また育苗においては人工照明を備えた育苗施設が活用されており、安定的かつ効率的な育苗が可能となっています。大規模な野菜作の施肥においてはスマートトラクターを活用する事例があります。その場合、トラクター本体と施肥アタッチメントを連動させる必要があります。

実践！ポイント

野菜、果樹ともに、栽培のモニタリングではドローンが有効です。特に背の高い果樹では農業者が上から状況を把握することが難しいため、ドローンの有効性が際立ちます。また、気象センサーで栽培環境をリアルタイムで把握したり、特に過剰な水分に弱い果樹において土壌水分センサーを活用する事例が多く見られます。逆に乾燥に弱い品目によっては土壌水分センサーのデータを踏まえて自動で潅水、給水する装置も広く用いられています。

防除では、大規模圃場ではドローンによるピンポイント散布、中小規模の果菜類やネギ、果樹などで農薬散布ロボットの導入が始まっています。農業者の安全管理の観点からも、自動運転もしくは遠隔操作による農薬散布へのニーズが高いようです。

収穫作業においては、キャベツ、ニンジンなどで専用のスマート収穫機の実用化が進められており、果菜類や果樹ではロボットアームなどを備えた収穫ロボットが開発されています。また、収穫後の野菜・果実の運搬に、自動運搬ロボットの導入が始まっており、特に斜面を安定して走行できるロボットが高く評価されています。ただし収穫ロボットについてはまだ実用レベルに至っていないものも少なくありません。

収穫物の自動選別機も導入が進んでいます。大きさや重量による選別に加えて、センサー情報を活用して糖度や色で選別するものもあり、品質を揃えることで単価向上を実現しています。

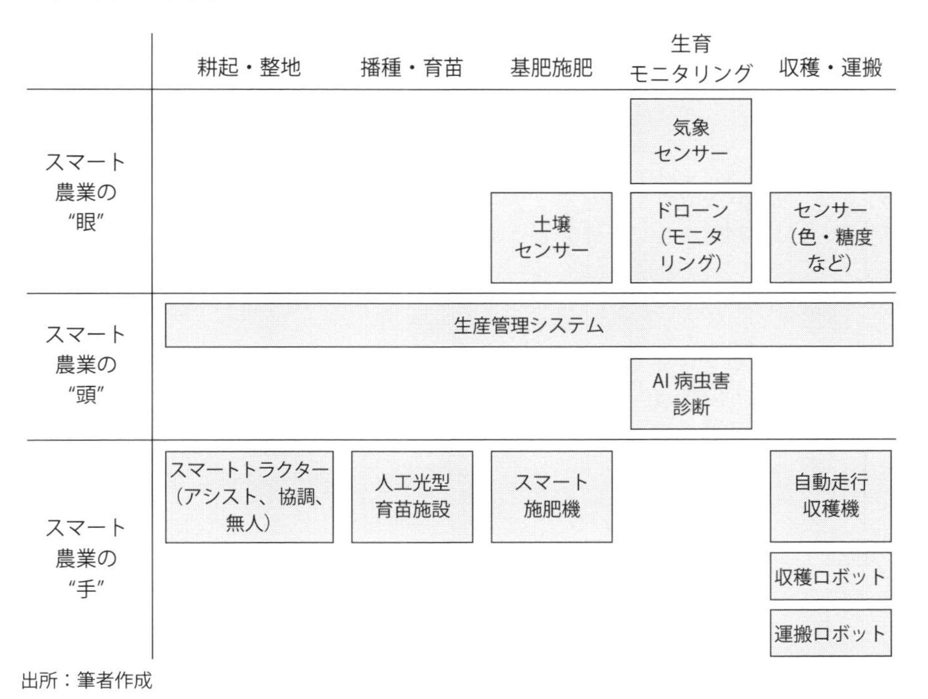

出所：筆者作成

野菜作におけるスマート農業一貫体系

- 野菜・果樹の品目ごとに有効なスマート農業技術が異なる
- 作業負荷のピークカットのため、収穫ロボットの実用化が望まれる
- 水管理や自動選別など、販売単価向上につながる技術に注目

22 農業用気象センサー

農地の環境をいつでも・どこでも把握可能に

農作物の栽培においては、圃場（ほじょう）や作物がどのような環境下に置かれているかを随時把握することが必要です。播種、施肥、防除、潅水などの作業を行う際には、気温や降雨の有無などを把握することが不可欠です。また、高温／低温や日照不足による生育障害、高湿度や降雨による病害、強風や降雪による施設の破損など、農業者は常に気象情報に留意しながら生産を行っています。

圃場ごとの気象情報の入手には、一般的な天気予報の予報範囲だと粗すぎることが少なくありません。しかし、人手不足や1人当たり農地面積の拡大により圃場に実際に行ける頻度が落ちるため、見回りに替わる手法として農業用気象センサーを導入する農業者が増えています。第3章で説明した通り、ドローンによるモニタリングなどと組み合わせると、遠隔でかなりの情報を把握することが可能となってきました。

農業用気象センサーは、一般的に気温、湿度、降雨量（降水量）、日照量、風速、風向などのデータを取得できます。取得データは内蔵された通信機器によりクラウド上にアップされ、農業者はスマートフォン（スマホ）やパソコンのアプリでいつでも・どこでも情報を閲覧でき、経時的データとして確認することもできます。

あらかじめ閾値を設定しておけば、その閾値を超えた時に自動的にアラートをスマホに通知してくれるアプリもあり、遠隔地の圃場管理に便利だと評価されています。一例として、急な降雨がある場合にアラートを発して、温室の窓やカーテンの開閉管理をするといったことができます。

実践！ポイント

気象センサーは、さまざまなメーカーから販売されています。取得できるデータ項目に大きな違いはありませんが、一部の製品では取得できる項目が限られるものがあるため、目的に応じて適切なものを選択する必要があります。また、土壌センサー（次項）と一体的に運用できるものもあり、統合的なデータ把握・管理に適しています。

本書では、中型・大型のスマート農機の場合は、自ら購入するだけでなく、農業支援サービス事業者のサービス（レンタル、リース、作業委託など）の活用をお勧めしていますが、農業用気象センサーは24時間365日データを取得する必要があるため、基本的に自ら機器を購入・所有することになります。

農業用気象センサーの利用では、機器購入の初期費用と、月額利用料が発生します。月額利用料にはアプリなどのシステム利用料と通信費が含まれることが一般的ですが、圃場にて自社の無線LANを使える場合には通信費分を抑えることができるケースもあります。比較検討には、機器の購入費に加えて、月額利用料も確認し、トータルの費用負担を比べてください。

センサーの得意／不得意な品目・設置条件に合わせてさまざまなメーカーのセンサーを導入すると、日頃のデータ確認の際に複数アプリを閲覧することになり、煩雑となります。複数品目を栽培している際は、対象品目を広くカバーしているセンサーを選択するように注意してください。

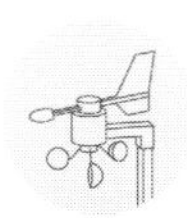

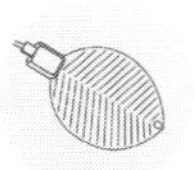

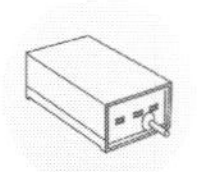

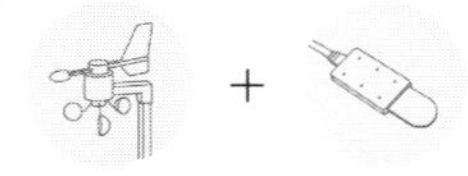

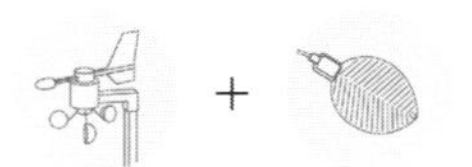

出所：ベジタリア株式会社資料に筆者一部加筆

農業用気象センサー「フィールドサーバー」

- 圃場の温度、湿度、日照量、風速、降水量などをいつでも・どこでも把握可能に
- 作業計画立案や生育不良・病害などのリスク管理に貢献
- 生育管理アプリに並ぶスマート農業の基礎

23 土壌センサー

見えない土の中を“見える化”

農作物の栽培において、作物や土壌の状態を判断しながら施肥や潅水を行うことが基本となります。しかし、ヒトの眼で土壌中の養分や水分の状況を直接見ることは難しく、作物の状態から推察する必要があります。

一例として、追肥の際には、葉や花の色、形状、サイズなどを見て、追肥のタイミングや量を判断しています。農作物の様子から判断するのはまさに熟練の技であり、経験の浅い農業者にとっては困難を伴います。そこで、土壌の状態を定量的に把握し、客観的に判断する手法が研究されてきました。

その中心となるのが土壌センサーです。土壌中に設置するセンサーにより、その地点の含水率、EC（電気伝導度）、地温などのデータを取得できます。土壌センサーは、主にセンサー本体とロガー（データ記録媒体）の2つから構成されており、製品によっては、通信機能を備えているものも存在します。

ロガーの仕様は大きく2つに分かれます。1つ目は、センサーと直接接続し、ロガー自体にデータ表示機能が備わっているものです。これであれば、計測したい地点ごとに随時センサーを設置すれば、その地点の現在の状態がわかります。

2つ目が、取得したデータをクラウド上のデータベースに蓄積し、スマホなどのアプリで確認するものです。これであれば、スマホなどから、現在のデータや経時的データを確認することができます。農業者は土壌データの確認を遠隔で実施することができるため、移動の手間を減らすことができます。また、データを他のシステムに用いることができ、水分不足などの監視・検出や自動での潅水・施肥などとの相性がよいとされています。

村田製作所の土壌センサーは、ECセンサーに9電極を用いている点が特徴的です。水分量による測定誤差に対して、9つの電極を活かした多くの測定パターンと独自アルゴリズムにより正確性の向上に成功しています。

圃場での潅水作業は、時間と労力を費やしますが、センサーデータと気象情報を活用することで、事前に潅水計画を立て、無駄な作業を削減することができます。また、土壌センサーを用いて土壌データを見える化することで、これまでの経験や勘に頼らず、定量的なデータを基に作物にとって最適な水分・肥料の量を判断し、作業内容に反映する（例：土壌中の水分量を見て潅水、EC値の経時的変化を見て追肥など）ことで、個人の勘や経験に過度に依存することなく、収量や品質の向上につなげることができます。

実践！ポイント

土壌センサーは、メーカーごとに特徴が異なるため、圃場の状態や目的に応じて選択することが重要です。また、従来の化学分析で取得したEC値と土壌センサーのEC値は測定原理が異なるため、研究機関などが公表している最適なEC値の範囲などをそのまま使用できないことがある点に留意してください。

土壌センサーが示すEC値と土壌や作物の状態の関係は、現場ごとで判断し、補正して活用する必要があるため、専門家の支援を仰ぐのも一手です。

種類	概要
静電容量センサー	・土壌をコンデンサー素子として使用し、土壌の電荷蓄積能力を利用して水分量を求める方式
FDRセンサー	・Frequency Domain Transmission、周波数領域測定法 ・同軸ケーブルを加工したセンサーに電磁波信号を与え、電気回路の最大共振周波数を測定し、センサー周りの比誘電率を測定する方式
TDRセンサー	・Time Domain Reflectometry、時間領域反射法 ・土壌に直線状の金属ロッドを刺し電極内に電磁波を流して透過時間を測定することで透過時間から土壌の比誘電率を求める方式 ・誘電率の他、EC（電気伝導度）、温度の測定も可能
TDTセンサー	・Time Domain Transmission、時間領域透過法 ・TDRと同様の原理によるものだが、金属ロッドがループ状になっている点が特徴 ・電磁波を流して戻るまでの時間を測定し誘電率と土壌水分を求める方式 ・誘電率の他、EC（電気伝導度）、温度の測定も可能

出所：公開資料を基に筆者作成

土壌センサーの種類

● 土壌の水分量やECを把握することで、潅水や施肥のベストタイミングが見極め可能に

● 気象センサーと比べてメーカーや製品ごとの測定誤差が大きい点に注意

24 AIによる病虫害診断

モニタリングと画像解析を組み合わせてリスクを早期発見

農業分野におけるAI（人工知能）の活用に関する研究・実証が進んでいますが、その中で早期に実用化に至ったのが、AIを活用した病虫害診断システムです。

病虫害は生産量の減少や品質の低下に直結します。特に、わが国のような温暖多雨な環境は病虫害発生リスクが高く、病虫害対策は儲かる農業の実現に欠かせない要素といえます。

病虫害の予防には害虫や病害症状の早期発見が効果的で、農業者は圃場の農作物を丁寧に観察し、異常を発見することでリスクを抑え込んでいました。しかし、農作物の状態から病虫害のリスクを早い段階で判断することは、特に経験の浅い若手農業者にとってとても難しいと指摘されています。また、ドローンモニタリングの15項でも解説した通り、規模拡大により圃場の面積や数が増加している農業法人においては、人手をかけて全圃場の詳細なモニタリングを実施することができなくなっており、デジタル技術による解決が期待されてきました。

そのような中で登場したのが、AIを活用した病虫害診断システムです。公的な研究機関や大学などが、農作物の画像を大量に撮影し、AIに機械学習させることによって、精度の高い病虫害診断システムを構築しています。農林水産省の研究プログラムや実証事業でも積極的に推進されており、AIの進歩・普及と相まって、急速に実用化に至りました。

実践！ポイント

このシステムを利用する際は、まずはスマホやドローンのカメラで対象となる農作物の葉、実などの写真を撮影します。専用アプリにてAIが画像解析を行い、その場で病害につながる異常を検出できます。さらにサービスによっては、AIによる診断結果を基に散布すべき農薬の種類、希釈率、散布方法、使用上の注意などの情報を提示してくれるものも存在します。AIによる高度な判断を手元のスマホにて簡単に利用できるようになったことで、経験の浅い農業者の病虫害の見落としリスク低減や、ベテラン農業者の見回りに要する時間の短縮といった効果が生まれています。

複数の病虫害診断アプリが公的な農業データ連携基盤「WAGRI」（41項で詳述）経由で利用可能になっており、農業者が使いやすい環境が整えられています。また、スマホのカメラの高性能化により、高額なカメラやセンサーがなくても手持ちの機器で手軽に高画質な画像を撮影できることになったことが普及の起爆剤となっています。

単体の画像診断だけでなく、他のサービスと組み合わせた形で提供されるケースも増えています。オプティム社は、AIによる病虫害検出とドローンを組み合わせた包括的なサービスを提供しています。ドローンで撮影した写真を基にAIが病虫害を検出し、病虫害が検出された地点にドローンがピンポイントで農薬を散布するという仕組みで、農業者の負担の大幅な低減につながっています。農水省の政策によって農業支援サービスの存在感が増す中、「ドローンによるモニタリング＋AIによる診断＋ピンポイント散布」という組み合わせはさらに広がっていくと期待されます。

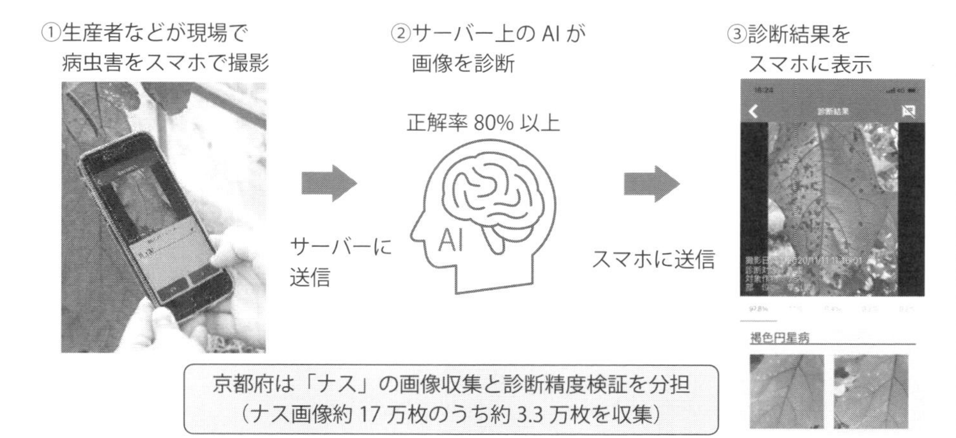

出所：京都府

京都府などが共同開発したAI病虫害診断システム

- カメラ・センサー＋AIで病虫害を自動検出
- 病虫害の知見が不足している経験の浅い農業者や管理の手間が大きい大規模農業者に最適

25 AI・ビッグデータを活用した収穫予測システム

収穫や開花の時期をアプリで簡単に把握可能に

農作業の計画を立てる際に重要となるのが、農作物の収穫タイミングの把握です。収穫作業には多くの人手と農機が必要で、場合によっては外部から“助っ人”をお願いすることもあります。

熟練の農業者は、農作物の大きさ、形状、色などから成熟度合を把握し、収穫のタイミングやおおまかな量を予測し、作業計画に反映させています。収穫時期を逃すと品質が悪化し、廃棄率の増加や単価の低下につながるため、ベストタイミングで収穫する必要があるわけです。

このような匠のノウハウ・経験に基づく収穫タイミングの見極めが通用しないケースが出てきています。1つ目が、大規模化で丁寧に圃場を見回りすることができなくなり、見極め材料が充分に揃わないケースです。2つ目が、経験の浅い農業者のため、見極め能力が不足しているケースです。3つ目は2つ目の変化形で、熟練農業者が新しい品種に挑戦するため限定的に“未経験者”になってしまうケースです。近年は気候変動の影響が顕在化し、高温耐性や病害耐性のある新品種への切り替えが増えており、このようなケースが珍しくなくなっています。

実践！ポイント

気象データや栽培データを基に定量的にシミュレーションする手法と、画像解析により予測する手法の2つが主となっています。

農業・食品産業技術総合研究機構（農研機構）の土地利用作物向けのシミュレーションモデルでは、将来の予報値を含む気象データを基に、イネ、コムギ、ダイズの発育予測を行うものです。科学的な研究に基づく高精度なシミュレーションにより収穫時期を予測することで、収穫の遅れによるコメの胴割れなどの品質低下などを回避することが可能です。このシミュレーションには、「気温のみの予測」とより詳細な「気温と葉色値を用いた予測」の2種類があり、農業者がいずれかを選択することができます。同じく農研機構ではWAGRIにて、トマト、イチゴ、キュウリ、キャベツなどのさまざまな農作物の生育・収量予測ツールをAPIの形で提供しています（42項で詳述）。

また、NEC営農支援システムに組み込まれている収穫シミュレーションは、栽培品目の生育目標と出荷基準値から生育状況の実測値を基に収穫日予想を表示する機能を有しています。圃場や区画ごとに収穫量と収穫期間を入力すると、圃場全体の日別の収獲量を集計表示してくれるため、容易に収穫作業の全体像を把握することができる点が便利です。

なお、このようなシミュレーション技術は収穫だけでなく、果樹などの開花日予測でも用いられており、受粉の作業計画の精緻化を支えています。

後者については、AIによる画像解析によって、ホウレンソウやネギなどの野菜、ブドウなどの果物の収穫時期や収穫量を予測する技術の実用化が進んでいます。農水省のスマート農業実証で検証されたブドウに関する予測では、ブドウの房数をカウントするアルゴリズムと、房の重さを推定するアルゴリズムを組み合わせ、収穫量を予測しています。

収穫時期や収穫量を単に把握するだけでは農業生産の効率化や利益増加にはつながりません。収穫予測シミュレーションと連動しているアプリの場合、予測結果を作業計画に適切かつ容易に反映できて使い勝手がよくお勧めです。

水稲生育予測システム「でるた」

7/15 までの気象データを基にした予測です。

ふさおとめ									
	生育予測		推奨される作業時期						
						斑点米カメムシ類対策			
移植日	幼穂形成期	出穂期予測日	追肥			畔草刈り期限	防除1回目	防除2回目	収穫
	出穂期25日前		幼穂形成期	～	幼穂形成期7日後	出穂期14日前まで	出穂期3日後	出穂期15日後	出穂期33日後
4/1	6/9	7/4	6/9	～	6/16	6/20	7/7	7/19	8/6
4/2	6/10	7/5	6/10	～	6/17	6/21	7/8	7/20	8/7
4/3	6/10	7/5	6/10	～	6/17	6/21	7/8	7/20	8/7
4/4	6/10	7/5	6/10	～	6/17	6/21	7/8	7/20	8/7
4/5	6/10	7/5	6/10	～	6/17	6/21	7/8	7/20	8/7

出所：千葉県

千葉県の水稲生育予測システム「でるた」における予測結果（例）

- AIやビッグデータ分析で、農作物の収穫時期、収穫量などが予測可能に
- 最新トレンドは、AIによる画像解析による収穫予測

26 農薬散布ロボット

自動／遠隔操作で農薬散布の負荷を大幅軽減

農薬散布ロボットとは、農作物に対して農薬を自動もしくは遠隔で散布するためのロボットのことを指します。従来は農業者が手作業または移動式のスプレーヤーを用いて行っていた農薬の散布作業ですが、（背負い式の場合）重量が重く身体的な負荷が大きい点や、強風時に農薬を吸い込んでしまう可能性がある点などが課題となっています。そこで農薬散布作業を自動化し、作業の効率化、農業者の健康への影響の軽減、そして農薬の使用量の削減を実現することが目指されています。

レグミン社の開発したネギ栽培向けの農薬散布ロボットは、1回の給水で300Lの農薬を散布することができます。このロボットはGPSによる位置情報に加え、カメラ画像の解析を組み合わせることで、より精度の高い自動走行を実現しています。これにより、ネギをなぎ倒すことなく移動することが可能です。農業者が人手で動力噴霧機を用いて作業した場合と比較して、作業時間を約4割削減することができます。ロボットの販売だけでなく、ロボットを用いた農作業受託サービスを展開している点も特徴的です。

中小型農機のメーカーである丸山製作所が開発した「スマートシャトル」は、防除作業の省力化、稼働時間短縮、安定性向上などを目的に開発された自動走行型スマート農薬噴霧ロボットの実証機です。圃場内に設置したタグと本体の内蔵カメラの画像情報により機体位置を認識し、ホースの送り出し・巻き取りをしながら畝間や通路を自動走行できます。これにより、防除作業の省力化や大幅な作業時間短縮が実現でき、防除作業の所要時間を約75％削減できるとされています。

また、従来の農薬散布で用いられている乗用管理機やスピードスプレーヤー（ともに農業者が搭乗して運転するもの）を自動運転化する研究開発も進められています。多機能農業ロボットを応用した農薬散布ロボットと比べ、より広めの農場での使用が想定されています。

実践！ポイント

このような農薬散布ロボットの導入と活用によって、農作業の効率化や農作物の生産性向上が実現することに加え、農業者の労働負荷軽減にも効果を発揮します。重労働から解放されることにより高齢者、女性、身体の不自由な方でも効率的に作業を行うことができ、農業のダイバーシティの推進につながります。また、散布作業時の農薬のドリフト（飛散）による健康被害の回避や、農薬や肥料の散布量の最適化による持続可能な農業への貢献が期待されています。このような観点から、従業員の安全管理が求められる農業法人、農業参入企業から特に高く評価されています。

項目	効果
作業時間の短縮	通常の散布方法と比べて作業時間を大幅に短縮することが可能
作業負担の軽減	動力噴霧器を背負った重労働が不要となり、作業負担を軽減することが可能
散布の均質化	移動速度や散布量を自動コントロールするため、散布ムラをなくし均質化することが可能
ピンポイント散布の実現	ドローンモニタリングなどの結果を踏まえ、病害発生箇所や生育不良箇所にピンポイントで農薬・肥料を散布することが可能
費用削減	臨時雇用スタッフの人件費削減や、農薬・肥料の散布量の最適化による資材費削減が可能

出所：筆者作成

農薬散布ロボットの主な効果

POINT

- 重労働からの解放、健康被害の回避だけでなく、作業効率や作業の質の向上にも貢献
- 乗用型の農薬散布機の自動運転化の研究も進展

27 収穫ロボット

野菜・果樹の自動収穫がいよいよ実現へ

農作物の栽培の中で、収穫作業は非常に負荷が高い作業の1つです。特に野菜や果物などの収穫は自動化が進んでいない品目も多く、年間の作業負荷のピークとなることも珍しくありません。収穫作業は特定の時期に集中して発生するのが一般的で、その時期にはパートやアルバイトのスタッフを短期雇用し、労働力不足を補う必要があります。

しかし近年、農業人口が急速に減少していることに加え、パートやアルバイト人材も他産業との取り合いになっており、人手に頼ったこれまでの手法が通用しなくなりつつあります。

このような収穫作業を劇的に変容させるロボットの実用化が進展しています。農作物が収穫適期かの判断、農作物の自動収穫、収穫物の運搬といった一連の収穫作業のため、収穫ロボットは自動／半自動での移動・運搬、カメラによる画像認識、収穫を担うアームの制御などの機能を備えています。画像認識による野菜や果実の識別と収穫要否の判断には、機械学習済みのAIが用いられることが一般的です。

実践！ポイント

収穫ロボットの具体事例を見ていきしましょう。AGRIST社はピーマンやキュウリなどの果菜類を対象とした自動収穫ロボットを供給しています。同社の自動収穫ロボットは温室内で使用可能で、ワイヤーからの吊り下げ式のため、地面の凹凸などの影響を受けずに安定的に移動・作業できる点が特徴です。AIがピーマンの状態を把握し、適切なタイミングと判断したものを、ベルト式収穫ハンドが2本のベルトを使って茎を巻き込みながら自動収穫します。

ベンチャー企業のinaho社が展開しているのが、アスパラガス収穫ロボットです。圃場内にあらかじめ敷設した白線に沿って自律移動し、カメラで農作物を捉え、アームで農作物を自動収穫することができます。2019年10月にアスパラガス収穫ロボットのサービス提供を開始してから、対象品目をトマト、キュウリ、イチゴなどへの拡大を進めています。

inahoは、RaaS（Robot as a Service）というビジネスモデルで、収穫物という成果に基づく従量課金型の料金体系を採用しているため、農業者は初期投資を軽減することが可能です。新規性の高いスマート農機への投資を躊躇している農業者に対して、新しい技術の導入を後押しする画期的な仕組みとして注目されています。

大手農機メーカーのヤンマーはトマト収穫ロボットの実用化に挑戦しています。カメラ画像の分析により、収穫対象のトマトの位置と、形状や実のなり方を2段階で認識し、「吸着切断ハンド」によって収穫できるロボットを開発しています。ロボットにはカメラと収穫用の“手”が備えられています。まずカメラの画像を解析して収穫するトマトの形状や位置を認識し、その情報を基に吸着切断ハンドで自動収穫する仕組みです。AIによって果実の付け根の向きから切断位置を推定できる点が独自の強みとなっています。

他にもパナソニックなどがトマト収穫ロボットの開発を進めているものの、まだ本格的な商業販売には至っていません。トマトの収穫は多くの人手が必要な作業であり、早期の普及が期待されます。

出所：inaho株式会社

アスパラガス収穫ロボット

- 収穫作業を自動化するロボットの開発が進展
- AIによる画像認識の精度が飛躍的に高まり、収穫歩留まりが向上

28 多機能農業ロボット

いろいろな作業をサポートする頼れる“相棒”

さまざまな農業ロボットが台頭する中、注目度を高めているのが多機能ロボットです。多機能ロボットは1台で複数の作業を行えるため、単機能ロボットに比べて稼働率が高い点が特徴です。年間の稼働日・稼働時間を増やすことができれば、時間当たりの機械コストを大幅に削減可能となります。

多機能ロボットが担当可能な作業としては、以下のようなものが挙げられます。ただし、製品によって対応している作業に違いがあり、3～4種類の作業に対応した製品が多く見られます。どのような品目の、どの作業に使用したいかを明確にした上で、自らに合った製品を選ぶことが重要です。

耕うん：土壌を耕す
播種：一定間隔もしくは面的に種をまく
施肥：固体／液体肥料を散布する
潅水：水（養分を含むケースもあり）を散布する
除草・抑草：雑草の除去、もしくは発生抑制を行う
防除：農薬を散布する
収穫：野菜や果物を収穫する
運搬：収穫物や不要物を運搬する

実践！ポイント

多機能農業ロボットの例として、筆者が開発・実用化に参画した農業ロボット「DONKEY」を見てみましょう。2016年に筆者らが書籍『IoTが拓く次世代農業 -アグリカルチャー4.0の時代』で提唱したDONKEYは、アタッチメントを交換することにより1台で複数の機能を発揮できることが特徴で、農業者に寄り添う、ともに育つロボットとして研究開発・実証（栃木県、山梨県で実施）が進められました。

現在は2020年に設立された株式会社DONKEYが事業を引き継いで発展させており、2024年9月より量産機の販売が開始され、全国で導入が始まっています。

国内初の、多機能農業ロボットの本格的な商業販売開始であり、農業ロボットもいよいよ普及フェーズに突入したと考えています。

DONKEYは自律走行、追従走行、遠隔操作による走行の3つが可能な点が特徴です。さらにアタッチメント換装により、運搬作業、農薬散布、紫外線照射（防除）などの作業を担うことができ、屋外の圃場および温室でさまざまな品目の栽培で活用されています。補助人員（パートタイム、アルバイトスタッフ）の確保が難しい農業者からは、「頼れる相棒だ」とのコメントが聞かれました。

他にも、Doog社が開発した農業用クローラーロボット「メカロン」や、テムザック社の「雷鳥2号」といったアタッチメント交換式の多機能農業ロボットも研究開発が進められています。雷鳥2号はいまだ開発・実証段階ではあるものの、稲作での土壌の耕起などの作業に対応している点が特徴的です。

出所：株式会社DONKEY

多機能農業ロボット「DONKEY」

POINT

- さまざまな品目の複数の作業に対応した農業ロボットの実用化が進展
- 多機能農業ロボットDONKEYの量産機が販売開始。農業ロボットの本格的な普及フェーズに

29 農作業用ドローン

効率的で高精度な農薬・肥料の散布手法

15項ではモニタリング用のドローンを取り上げました。ここでは、農作業に使われるドローンを紹介します。

農作業用ドローンは主に散布作業に用いることができます。代表的な活用方法が防除作業（農薬散布）です。これまで小規模な圃場では、農業者が動力噴霧器を背負って散布作業を行ってきました。中規模の果樹園ではスピードスプレーヤー（農薬などを散布する車両型の農機）、大規模な圃場ではラジコンヘリコプターによる散布を行うケースが多く見られます。

しかし、動力噴霧器による防除作業は身体への負荷が高く、特に夏季は熱中症のリスクも存在します。また、ラジコンヘリコプターによる農薬散布は費用が高く、また狭い面積の圃場や複数品目を栽培している圃場での作業には向いていません。

そのような中で存在感を高めているのが、農作業用ドローンです。一般的にモニタリング用のドローンよりも大型かつ高額ですが、農薬や肥料の入ったタンクを装着したまま飛行する能力を有しています。ドローンの特徴の1つが低空で安定的に飛行できる点で、その特性を活かして農薬、液体肥料、種子などの散布作業を行っています。農作業用ドローンの仕様は千差万別で、タンク容量、自動飛行機能の有無、自動散布の有無、粒剤散布への対応／非対応などに違いがあるため、自らの圃場の面積、枚数、栽培品目などを踏まえて適切な機種を選定することが重要です。

農作業用ドローンの利用方法を見てみましょう。農業者がリモコンで操作することはもちろんのこと、決められたルートを自動で飛行し、農薬などを自動散布する機能を備えた機種もあり、高い利便性を誇っています。散布にかかる時間は約10分/haで、通常の人手による散布作業と比較して時間を短縮できます。また、急傾斜地など、人が入りにくい場所での散布作業の軽労化にもなるため、水はけのよい斜面を好むカンキツ類などの果樹園での活用が広がっています。

実践！ポイント

ドローンによる農薬散布の際の注意点として、事前に飛行の承認申請を行う必要のある点が挙げられます（本人による申請、もしくは機体メーカーや販売代理店などによる代理申請）。また、ドローン散布に免許・ライセンスは不要ですが、安全な飛行・散布には高い技術が求められるため、民間団体の講習を受ける農業者も多く見られます。

そのような手間、負担を鑑みると、自らドローンを操縦して散布作業を行うのではなく、ドローンによる作業を代行しているアウトソーシング事業者（農業支援サービス事業体）への作業委託を検討するのがよいでしょう。

例えばオプティム社では、1ha当たり13,500円～（税抜、農薬代別、圃場などの条件により変動）という価格でドローンによる農薬散布サービスを提供しています。さらに、モニタリング用ドローンでも紹介した通り、ドローンでモニタリングし、AIで画像やセンシングデータを分析し、病虫害が発生している箇所や雑草が生えている箇所にピンポイントで農薬散布するという高度な仕組みも実用化され、商業サービスとして展開されています。

出所：農林水産省「農業用ドローンの普及に向けて」

ドローンによる農薬散布の様子

POINT

- 農作業用ドローンの性能が向上し、農薬や液体肥料の散布での利用が拡大
- 自らドローンを購入し、散布作業を行うのはハードルが高い
- 専門スタッフがいない農業者の場合は外部のドローンによる散布サービスの活用も有効な選択肢

第5章

実践Ⅲ

施設園芸での スマート農業

30 施設園芸のスマート農業一貫体系

待ち望まれる収穫ロボットの実用化

温室などの中で農産物を栽培する施設園芸でも、多くのスマート農業技術が活用されています。

まず、作業計画や履歴の管理には、稲作や露地野菜作などと同様に生産管理システムが用いられていますが、高度管理型の施設園芸では、加えて環境制御システムを導入しています。環境制御システムは温室内のセンサーによって取得した温度・湿度・日照・CO_2（二酸化炭素）濃度などのデータを基に、加温機、送風機、カーテン、CO_2施用機などを最適制御する仕組みです。

一部品目の育苗では、人工光を用いた育苗装置が導入されています。播種（はしゅ）から発芽、育苗の段階の農作物は外部環境の変化に弱いため、環境が最適化された育苗装置を使うと、効率的かつ安定的に育てることが可能となります。なお、近年は光源はLEDがメインとなっており、ランニングコストが低減しています。

実践！ポイント

トマト、ナス、キュウリ、メロンなどの品目や一部の果樹では、病虫害の低減や生産量向上のために、育苗段階で接ぎ木※を行っています。2つの植物を切ってつなぎ合わせる作業であり、細かい作業を長時間行う必要があるため、大変な業務となっています。そこで省力化や精度向上を目指し、全自動接ぎ木ロボットの実用化が進められています。農林水産省の実証事業では、人手による接ぎ木よりも3倍以上の作業スピードとなったと報告されています。

モニタリングにおけるAI（人工知能）の活用も注目ポイントです。まだ実証段階のものが多い状況ですが、カメラやセンサーのデータをAIで分析して、収穫量や収穫タイミングを予測するシステムが試用されており、必要な労働力の早期確保や販売ロスの抑制に効果を発揮しはじめています。

収穫ロボットに関しては露地野菜や果樹に先行して商品化が進んでいます。外の圃場（ほじょう）と比べて地面が平らで、強い光や雨の影響も避けられるため、屋外用と比べて技術ハードルが低く、アスパラガスやトマトを対象とした収穫ロボットの活用が始まっています。

大型の温室や太陽光型植物工場などでは、収穫物の運搬ロボットの実証が進められています。屋外に比べて不確定要素が少ないため、完全自律走行で自動運搬する機能の早期の実装が見込まれています。

また、人工光型植物工場では、播種、移植、パネル送り、収穫、パネル洗浄などのプロセスのほとんどを自動化した工場も登場しており、究極的な省力化が実現しています（植物工場については34項で詳述）。

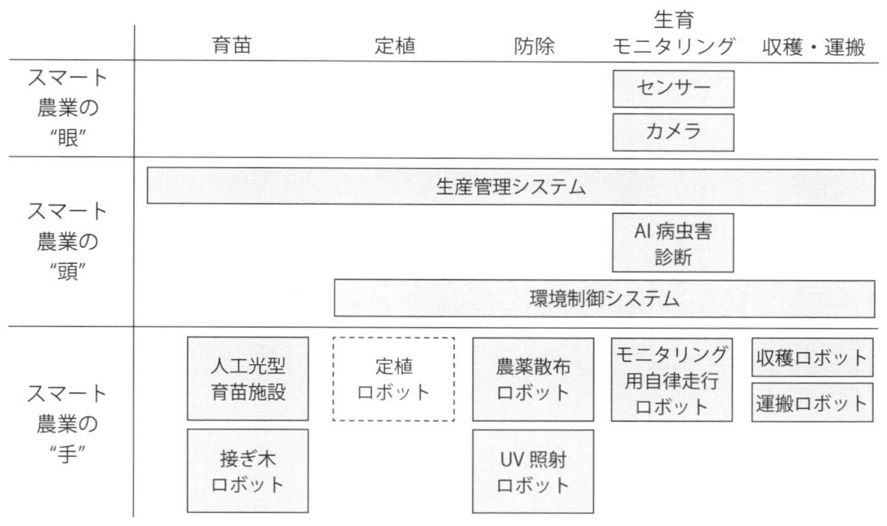

出所：筆者作成

施設園芸におけるスマート農業一貫体系

※接ぎ木：地上部となる穂木と地下で根となる台木の茎をつなぎ合わせること。一般的に耐病性がある品種が台木として用いられる。

- 高度管理型温室では、環境制御システムによりカーテン、加温機、送風機などの機器を自動制御
- トマト、アスパラガスなどの収穫ロボットが登場。運搬ロボットについても実用化段階へ
- AIによる温室内環境や生育状況のモニタリングシステムが実用化。収穫予測や生育コントロールへの応用に期待

31 環境制御システム

農作物の生育に最適な環境を自動的にキープ

温室内の栽培環境を最適化することで農作物の生産量や食味の向上、病害リスクの低減を図る、環境制御システムの普及が進んでいます。このシステムでは、ハウス内に設置された各種センサーで光、温度、湿度、CO_2濃度、養液のEC（電気伝導度）値、培地の含水率などのデータをリアルタイムで監視し、必要に応じて調節しています。科学的な知見に基づく複雑で高度な演算や判断を行い、複数のパラメータを見ながら、農作物にとって最適な条件になるよう、カーテンや天窓、冷暖房機など複数の制御装置を自動的に動作させることができます。

従来は農業者が温度計や湿度計を見て温室内の環境を確認し、換気や加温のタイミングを決めていましたが、多くの労働時間が必要なことに加え、降雨などの急な変化にすぐに対応できないという弱点がありました。現在は各種センサーや遠隔制御可能な設備が普及し、環境制御システムで自動制御することが可能になっています。多くのメーカーが環境制御システムを取り扱っており、国内企業が提供するものに加え、施設園芸先進国のオランダの企業が手掛けたシステムも広く普及しています。

大手施設園芸メーカーである誠和の統合環境制御システム「プロファインダーNext80」では、圃場内に設置したセンサーで温度、湿度などの環境データを取得して、モニタリングするとともに、そのデータを基に環境制御盤を通して自動的に制御できます。リアルタイムに栽培環境を最適化でき、カーテンの開閉や加温機の操作などに要する労力の大幅削減にも貢献しています。また農業者はスマートフォン（スマホ）などで圃場内の環境データをいつでもどこでもチェックすることができるため、見回りの労力もかなり減らすことができます。

実践！ポイント

将来的な技術として、いつ、どの程度収穫できるかという予測を正確に行うための研究開発が進展しています。外部環境の変化に伴う収量の波が出てしまうところを、品種の能力や成長状況、天候などのデータを蓄積・解析することでカバーしていこうというものです。正確な収量予測は、近い将来の供給量を取引先に約束できることにつながり、営業面での強みになります。取引先としても調達コストの削減につながり、契約販売や取引先とより密につながった生産体制の構築など、新たなビジネスモデルに進化していく可能性を秘めています。

環境制御システムを備えた高度な温室は投資額が大きくなるため、2022年時点では温室全体の3.4%にとどまっています。ただし環境制御システムは省力化、品質向上、リスク低減と"1粒で3度美味しい"仕組みであり、農業者数が減少する中で今後の普及の加速が期待されています。

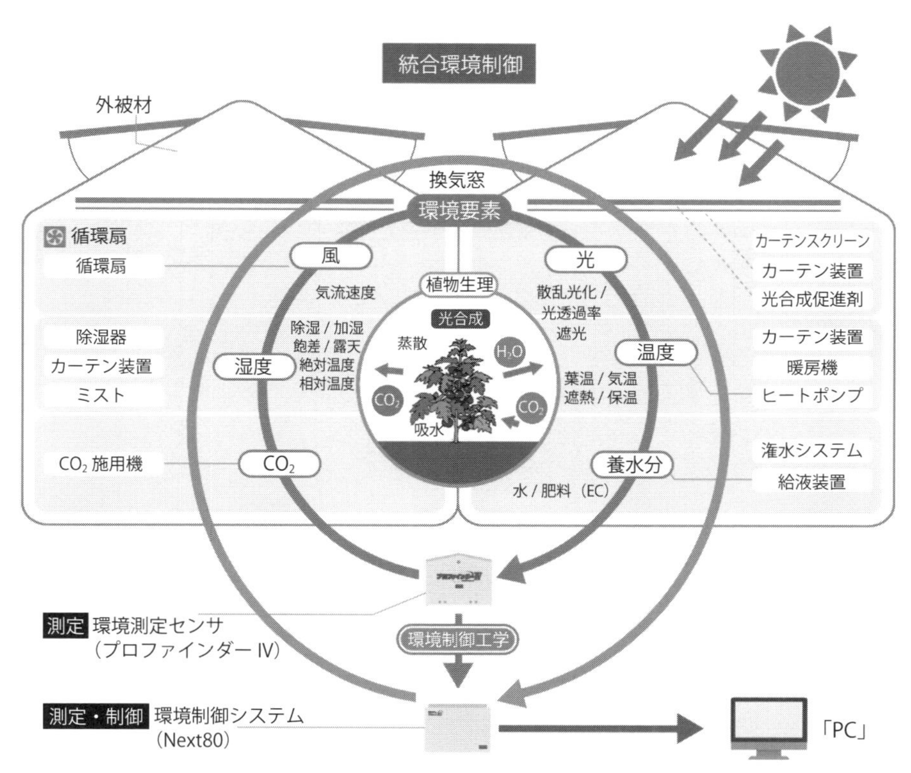

出所：株式会社誠和

環境制御システムの仕組み

- 最適な生育環境を自動的にキープ
- 今後はAIによる予測を含めた、より高度なシステムへ

32 自動潅水システム

センサーデータを用いて最適な潅水を実現

閉じられた空間である温室などでは降雨による給水がないため、人為的に潅水する必要があります。自動潅水システムは、温室内の農作物に、特定の条件やタイミングに応じて自動的に給水することができます。

自動潅水システムは主に以下の3パターンに分類されます。

①タイマー式

事前に設定した時刻、もしくは潅水継続時間に合わせて潅水を行う方式で、定められたパターンで自動的に給水することが可能です。土壌や農作物の状況を加味しない、最もシンプルな手法となります。

②土壌水分式

土壌センサーで土壌中の水分量をモニタリングし、設定値以下になる（＝乾く）と自動で潅水を行う方式です。常に一定以上の適切な土壌湿度をキープできるのが特徴です。他方で、あるタイミングでは水分量を多め、別のタイミングでは少なめにしたい、といった複雑な制御には向いていません。

③日射比例式

気象センサーで積算日射量（一定期間の日射量の合計値）を測定し、設定値以上になると自動で潅水を行う方法で、日照時間や天候（晴れ、曇り、雨など）を反映した潅水が可能です。

実践！ポイント

①〜③のシステムを組み合わせた複合式の自動潅水システムも存在します。

②の土壌水分式を例にとると、この方式では土壌センサーにて土壌の湿度や温度の情報を取得し、土壌の乾き具合を判断して、必要に応じて水を供給することになります。製品によっては気象センサーにより取得した温室内の温度、湿度、日照なども考慮に入れて潅水のタイミングや量を判断しているものもあります。これにより、農作物の水分供給が安定し、効率的な栽培が可能になります。また、高度な自動潅水システムでは、農作物の品目・品種や成長段階を加味した潅

水が可能です。

水分量が少ないと成長が遅れたり枯れたりするリスクがあり、多すぎると根が腐ったり病気となるリスクがあるため、最適な状況を維持することが必要です。なお、高糖度トマトのようにあえて水分量を少なめに設定するケースも見られます。

自動潅水システムの機器構成を見てみましょう。このシステムはタンクや水道栓などの水源から水を運ぶパイプ／チューブ、水をろ過するフィルター、液体肥料を混入する機械およびタンク、農作物に水を与える点滴装置・スプリンクラー・ミスト発生装置などで構成されています。個別の機器、部品は特別なものではなく、広く使われているものが大半です。自動潅水システムのポイントは、これらの装置を総合的に管理する制御システムにあります。

また近年は、AIを活用した自動潅水システムも登場しています。AIが土壌水分量や土壌EC値、天気予報、日射量、地温などの環境データと潅水量や施肥量などの栽培データを基に、農作物の生育状況や潅水量を学習し、最適な時期や水分量を判断して潅水を行うもので、トマト栽培などで実証が行われています。

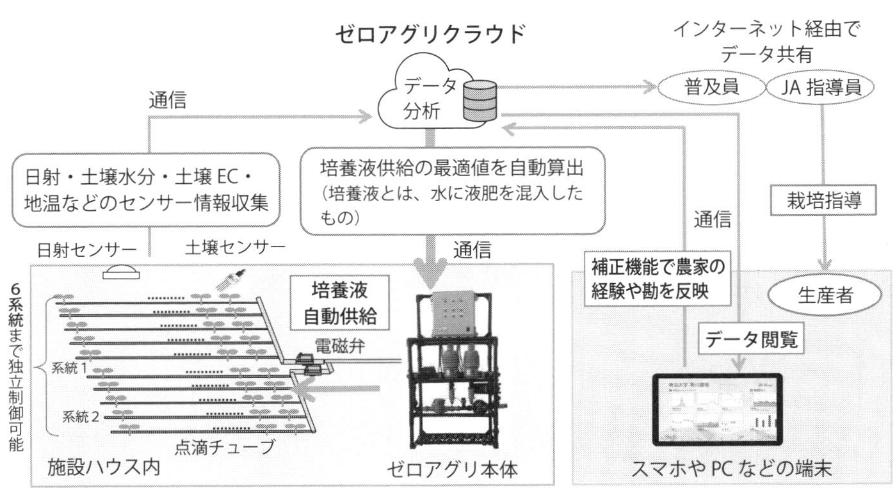

出所：株式会社ルートレック・ネットワークス

自動潅水システムの全体像

- 土壌などの状態をセンサーで把握し、必要な水分を自動的に供給可能
- AIを活用して複雑な潅水パターンを行っているものも存在

33 高知県独自の農業プラットフォーム「SAWACHI」

県内農業者のつながりが価値源泉に

SAWACHI（サワチ）は、高知県が独自に展開している営農支援サービスです。サワチは県が構築したIoP（Internet of Plants）クラウドを活用した仕組みで、農業者が必要とするデータを集約し、簡単に確認することができます。高知県は国内屈指の施設園芸エリアであり、サワチは施設園芸を主対象としています。農業者の使用する機器やセンサーがネットワークを介してサワチと接続されており、センサーが取得した温室内の環境データ（温度、湿度、CO_2濃度、日射量など）や機器の稼働データなどがリアルタイムで収集されています。

サワチの機能を見ていきましょう。ベースとなるのが温室内の環境のモニタリングです。農業者は上記センサーで収集されたデータをリアルタイムに把握することができ、データに基づいた機器制御により農作物の育成環境を最適化しています。なお、サワチには異常発生時のアラート機能があり、温度・湿度・CO_2濃度などが事前設定した条件となった場合に、サワチの画面上で警告サインが表示されるとともに、緊急連絡メールを送る機能を有しています。これにより、機器の故障などの早期発見が可能で、農作物への悪影響を最小化することができます。

サワチでは、IT技術を用いて農作物の生育状況を可視化することができます。ハウス内に取りつけたカメラの画像をAIで解析して、農作物の状態や花・実数を集計しており、収穫時期・量の予測や病虫害の早期発見につながっています。

また、集出荷実績、市況情報、気象予測などをサワチで一元的に提供することにより、農業者は自らの営農環境や生産物の状況を円滑に理解できるようになり、適切な栽培計画や出荷計画の立案に役立っています。

なお、サワチが提供している機能、情報などは、県独自で提供しているものと、農業データ連携基盤「WAGRI」の機能、情報を活用しているものがあります。

実践！ポイント

サワチの利用は県内の農業者などが対象となっており、県への事前の利用申請や手続きが必要です。農業者が他の農業者と協働でのデータ活用について慎重姿勢を示すことが多い中、高知県ではサワチに参加する農業者が増えています。県単位での利用であり、かつこれまでの活動で信頼関係を構築してきた県職員がフロントに立った活動だからこそ成り立つアプローチともいえます。

高知県は他地域へのシステム外販を計画しており、高知県での成功事例が全国に広がると期待できます。

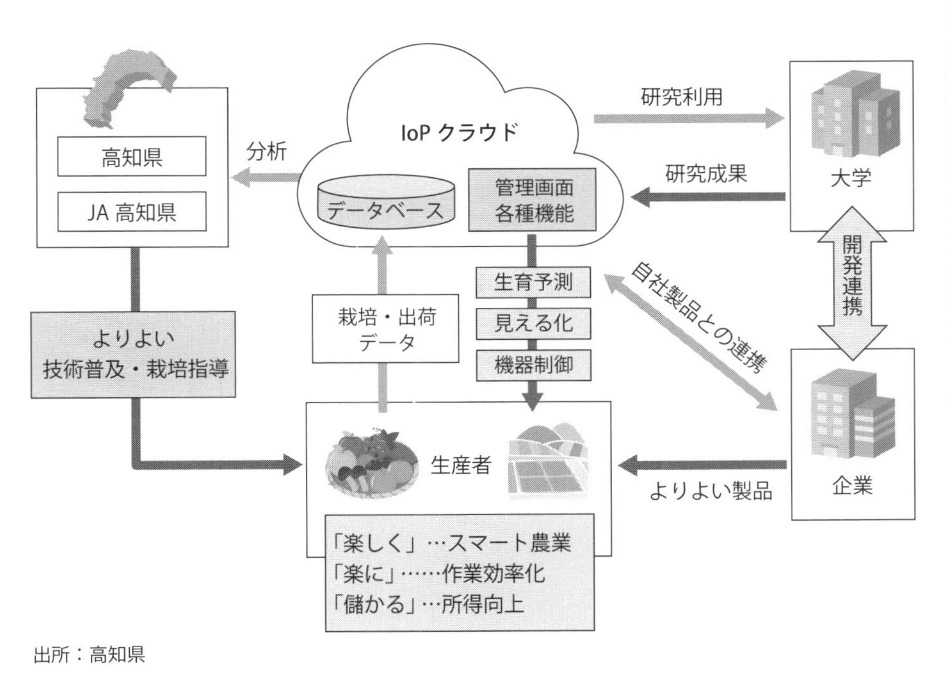

高知県IoPプロジェクトの全体像

- 農業者はサワチを通してさまざまなデータや機能が利用できる
- 県単位のデータプラットフォームが今後のトレンドに
- どこまでを自治体が独自に行うかの見極めが重要

34 植物工場(人工光型)

ICT／IoTを詰め込んだハイテク施設園芸

植物工場とは、屋内環境で温度、湿度、光照射量、CO_2濃度、水分、養分などを人工的にコントロールして、野菜などの作物を安定的かつ効率的に栽培する技術です。その中で、LEDなどの人工光を用いて閉鎖空間で野菜を栽培するものが、人工光型植物工場と呼ばれています。近年国内で多発している天候不順発生時にも、小売業や外食業・中食業に対して安定供給が可能である点が高く評価されています。

人工光型植物工場は太陽光併用型植物工場（温室を用いた植物工場）よりも閉鎖性が高く、より高度な管理が可能で、病害虫などの混入リスクもかなり抑えられます。また、栽培棚を何段も高く積み上げることができ、面積当たりの生産量は時に露地栽培の100倍にも達します。人工光型植物工場ではリーフレタスをはじめ、さまざまな品目の葉物野菜が栽培されています。

多くの植物工場ビジネスが破綻してきたことからもわかるように、以前は高額な建設費や電気代のため黒字化が難しい農業ビジネスでした。しかし、近年は黒字運営可能な新しい人工光型植物工場が各地で登場しています。儲かる植物工場が実現した最大の要因が規模拡大です。近年新たにできた植物工場は超大型のものが多く、スケールメリットによって面積当たりの建設コストを減らしています。さらに、事業主体としてもリスク分散のためフランチャイズやジョイントベンチャーのようなスキームを用意し、投資家を募るケースも登場しています。

加えて、植物工場の技術も日々進化しています。過去の植物工場では光源に蛍光灯を用いるタイプが一般的でしたが、最近の植物工場ではLEDが主流となっており、電気代の削減を果たしています。また、播種、移植（栽培パネル間の植え替え）、パネル洗浄などの人手がかかる作業工程に積極的にロボット技術を導入することで、規模拡大と人件費削減に成功しています。旧式の植物工場では栽培環境の制御はハイテクで、作業は人海戦術というケースも散見されましたが、最新の植物工場は他産業と比べても遜色のない“工場”となっています。

実践！ポイント

最先端技術を詰め込んだ植物工場ですが、技術革新はまだ続いています。最新の植物工場の研究・実証では、センサーとAIを活用して農作物の生育状態を計測する技術（フェノタイピング技術）の実用化が進んでおり、それをベースにした環境制御の最適化にトライしています。

他方で、植物工場野菜のマーケットは成長が停滞気味な点に注意が必要です。葉物野菜は、差別化が難しく価格競争に巻き込まれやすいという弱点を抱えています。植物工場で勝ち残るためには大規模化が不可欠であり、以前のように、試しに中小規模の植物工場を始めてみるというスタンスでは、もはや通用しないマーケットとなっています。

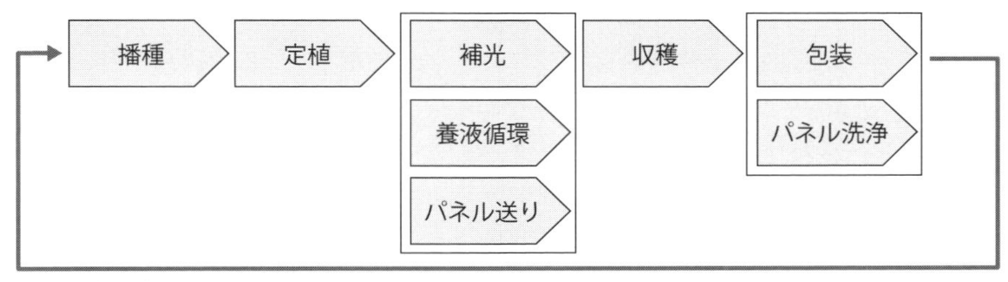

出所：筆者作成

人工光型植物工場の栽培プロセス

自動播種	○スポンジなどに自動で播種（ロボットアームなど）
自動定植・移植	○発芽した苗をパネル／パレットなどに植え替え
自動収穫	○生育した農作物を自動で収穫
自動パネル運搬	○栽培用パネルの自動送り出し、上段からの自動搬送
自動パネル洗浄	○栽培用パネルを自動洗浄
モニタリング	○カメラとAIにより病変や生育不良を自動検出

出所：筆者作成

人工光型植物工場で導入が進む自動化技術

- 高度な環境制御により、安定的かつ効率的に野菜栽培が可能
- 超大規模化とロボティクス導入により儲かるビジネスモデルを実現
- 投資額の増加により、手掛けることができるプレイヤーは限定的に

35 施設園芸で活躍する農業ロボット

いち早くロボット導入が本格化

本書ではさまざまな農作物の栽培で活躍する農業ロボットを紹介していますが、特にロボットの導入が進んでいる営農形態として温室栽培などの施設園芸が挙げられます。

温室などの施設内で栽培する施設園芸では、露地栽培と異なり、農機が雨や風などを直接受けることがありません。また、露地栽培よりも足元の地面が平らで雨でぬかるむこともなく、特に大型温室での果菜類（トマト、パプリカなど）のように通路部分が簡単に整地されているものもあります。このように施設園芸は農業ロボットにとって稼働しやすい環境が整っているわけです。

例えば自動運搬ロボットは収穫物を積むと重心が高くなるため、露地栽培では凹凸を乗り越える際にいかにバランスを保つかが技術的課題となっていますが、施設園芸ではそのような場面がほとんどありません。極端な話をすれば、安定性に多少難がある製品であっても、施設園芸向けであれば問題なく使えることになります。このように施設園芸は農業ロボットに求められる要求水準が緩くなるため、いち早く導入が本格化しているのです。

施設園芸を営む農業者からの期待度が最も高いのが、自動収穫ロボットです。第4章で紹介した通り、さまざまな農作物を対象とした自動収穫ロボットの研究開発が進んでおり、労働時間が長いことが問題となっている収穫作業の超省力化が期待されています。地面が平らで、雨風がないことに加え、自動収穫ロボットにとっては強すぎる直射日光がないこともメリットとなっています。多くの自動収穫ロボットはカメラで農作物を撮影し、AIで画像解析を行い、果実や葉が収穫可能かを判定しています。露地栽培だと光の当たりが強すぎて反射したり、影とのコントラストが強すぎて、AIで解析しにくい画像になってしまうことがあるとされています。

自動運搬ロボットに関しては、まだ試験的な意味合いが強いものの、現場への導入が始まっています。また自動防除（農薬散布、紫外線照射など）ロボットも実証事業が進展しています。地面が平らで、移動ルートを設定しやすく、ルート上の障害物も基本的には存在しないことから、比較的シンプルな自動走行機能で十分となっています。

実践！ポイント

施設園芸は労働集約型のため、他にも時間がかかる作業がたくさんあります。品目によって必要なものは異なりますが、受粉、誘引、摘心、摘葉など、大変な作業だらけで、収穫の自動化だけではボトルネックが解消しきれず栽培全体の効率化には不十分です。受粉や摘葉についてはロボットによる自動化の研究開発が進んでいますが、誘引や摘心の自動化はまだハードルが高いとされています。これらの作業については、ひとまずは自動化ではなくスマート農業によるノウハウ補完（スマートグラスで摘心する芽を表示するなど）との併用で効率化を進めるのが得策といえます。

出所：株式会社誠和

高度管理型温室の様子

出所：株式会社DONKEY

温室内で活躍する多機能農業ロボット「DONKEY」（実証機）

- 施設園芸は農業ロボットが稼働しやすい環境
- 注目技術は自動収穫ロボット。ロボットアームやAI画像解析などの最先端技術を活用
- まだロボット化が難しい作業も。ノウハウ補完型のスマート農業技術を用いて作業者の効率アップにより、対応するのが現実的

第6章

実践Ⅳ

スマート畜産・酪農

36 スマート畜産・スマート酪農

急加速する畜産・酪農のスマート化

大規模化が進む畜産・酪農においてもスマート農業技術の導入が加速しています。

はじめに酪農のスマート化について見ていきましょう。スマート酪農の基本となるのが、牛管理システムです。牛の健康状態、摂餌量、妊娠や発情期の状況などの情報の管理が可能で、個体ごとに装着されたセンサーと連携したシステムでは、移動距離、活動量、姿勢、睡眠時間などを総合的に把握できるものもあります。また、牛舎内の環境を最適化する牛舎管理システムもよく使用されています。製品によっては牛の活動状況や健康状態などを踏まえた高精度な制御が可能なものもあります。

実践！ポイント

給餌作業では、牛が食べたい餌の量を分析して自動的に与える自動給餌ロボットが実用化されています。自動給餌ロボットの導入が難しい既存の牛舎では、餌の自動搬送ロボットの導入が選択肢となります。牛ごとへの給餌は人手となりますが、すぐ近くまで餌を自動で補充してくれるため、農業者の負担軽減と労働時間削減に効果を発揮します。

生乳の搾乳では、搾乳ロボットが使われています。朝早くからの作業となる搾乳は大変ですが、自動で乳頭を検出して搾乳器具をつけて搾るロボットの登場により、大幅な効率化が実現しています。

養豚では飼育管理システムが導入されており、特に母豚を対象とした個体管理システム（1頭ずつ管理）が注目されています。例えば、養豚経営支援システム「Porker」では、豚舎での飼育作業の記録、センサーを活用した豚の生体情報および豚舎内環境データの自動記録が可能で、取得したデータと繁殖成績・肥育成績のデータを分析することで、肥育を最適化することが可能です。また別のシステムでは個体ごとのセンサーの代わりに、AI（人工知能）によるカメラ画像の解析により個体の状態、行動などを把握しています。飼育作業に関しては、自動給餌器や豚舎洗浄ロボットなどの先進機器の導入により、作業負荷の大幅な低下が図られています。

養鶏でもさまざまなスマート農業技術が用いられています。大型の鶏舎では、温室栽培などの施設園芸と同様に、鶏舎内にセンサーを設置して室温などをリアルタイムでモニタリングし、冷暖房や換気扇を自動制御するシステムが実用化されています。手間がかかる給餌作業については自動給餌システムの導入が、鶏舎の清掃に関しては自動清掃ロボットの開発が進んでいます。また自動走行ロボットが取得した画像データをAIで分析し、斃死（へいし）（動物の突然死のこと）してしまった個体を全自動で見つけ出す仕組みも導入が始まっています。

豚熱や鳥インフルエンザなど、畜産業における疾病リスクが高まっています。病気の原因となる菌やウイルスの侵入を防止するため、今後はヒトが畜舎内に極力入らなくて済むような、全自動／半自動畜舎の技術開発が加速すると予想されます。

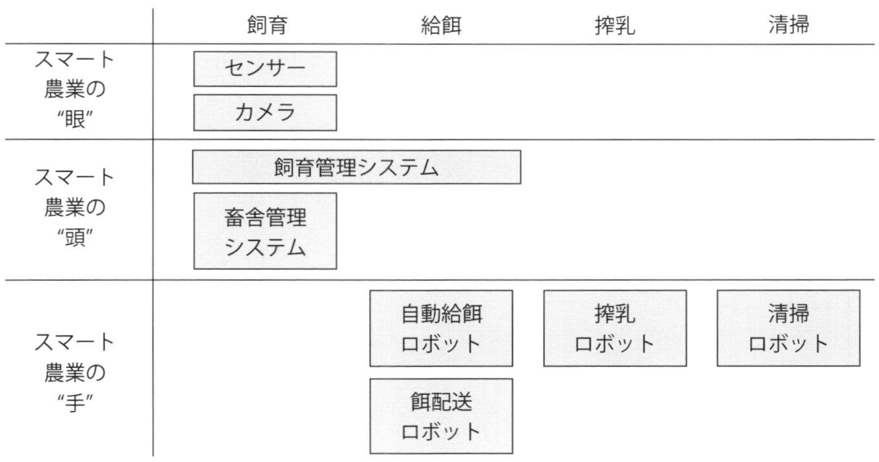

出所：筆者作成

スマート酪農の概要

- センサーやAIを活用した畜舎の高度管理がトレンド
- 牛や豚では１頭ずつの“個体管理システム”が実用化され、飼育条件の最適化や疾病リスクの低減に効果を発揮
- 外部からの病原菌の侵入防止を目指し、今後は全自動化に向けた技術開発がいっそう活発に

37 畜産用センサー

家畜の状況を把握してリスク低減と効率化に貢献

畜産分野のスマート化を支えるコア技術の1つが畜産用センサーです。家畜の生産性を高めるためには家畜（牛、豚、鶏など）や畜舎環境のモニタリングが欠かせません。適切なモニタリングによって疾病兆候や発情行動などを見逃さないことが、リスク低減や生産効率に直結します。

しかし、生産者の眼だけで24時間、365日にわたり完璧にモニタリングすることは非現実的です。特に近年は畜産業界でも働き方改革が進んでおり、ヒトの眼に依存しないモニタリングが重要となっています。

センサーを用いたモニタリングが進んでいるのが肉牛や乳牛の管理です。規模拡大に伴う多頭飼養により、管理業務の負担増加が課題となる中、ウェアラブルセンサーを用いたモニタリングシステムによる個体管理（1頭ずつの管理）が期待を集めています。家畜の体に取り付けたセンサーにより行動を観察し、データをクラウド上に記録・分析することで、疾病兆候や発情行動などのアラートを生産者に提供することが可能で、代表例として、デザミス社の「U-motion」が挙げられます。

畜産用センサーは、牛などの放牧にも活用されています。GPSのデータを基に放牧牛の位置を把握し、随時スマートフォン（スマホ）やタブレットで確認するスマート放牧の実用化が進んでいます。将来的な農業者人口の激減が予想される中、中山間地の一部の農地については人手がかからない無人化／超省力化が必要と指摘されており、解決策の1つとしてスマート放牧が期待されています。現在は位置データの取得が主ですが、上述のウェアラブルセンサーを組み合わせる研究もなされており、今後の発展が期待される分野です。

近代的な畜舎では養鶏場や養豚場では、畜舎内の温度、湿度、CO_2（二酸化炭素）濃度などをモニタリングし、それを基に空調設備などを稼働させています。これにより家畜が快適に過ごせる環境を実現し、成長促進や疾病予防に貢献しています。

最新の研究・実証では畜産用センサーの情報に、画像や音声などのデータを組み合わせる動きが出ています。AIによる画像解析に基づく個体認識・行動把握や、豚の鳴き声分析による異常検知といった取り組みと組み合わせることで、より高度なモニタリングが実現します。

実践！ポイント

効率化以外にもベテラン生産者の“匠の技の継承”への貢献が注目されています。現在、多くの畜産農家の経営は、勘と経験による飼養管理で成立しています。霜降り牛のサシの入り具合や、乳牛の乳量の増加などを左右するノウハウに「給餌」がありますが、基本的に餌の配合、給餌量、タイミングなどは、生産者の勘と経験で行われており、ある種のブラックボックスとなっていました。

その代わりとして、センサーデータと出荷データなどを組み合わせ、高収益経営では何を、どのようにコントロールしているのかが見える化できれば、その技を後継者に伝えていくことができるようになります。

畜産用センサーによるモニタリングなどで、最適な給餌のための個体識別技術などを組み合わせることでノウハウを継承できれば、畜産分野の後継者問題への解決策（第三者継承を含む）になると期待しています。その際に、元の生産者がノウハウ提供の対価（指導料など）を得られるモデルにすることが、円滑な事業承継の後押しになります。

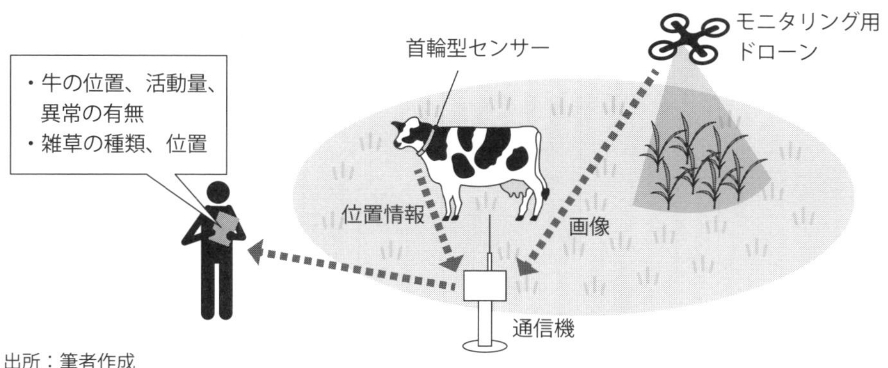

出所：筆者作成

スマート放牧モデル

- センサーによるモニタリングで家畜の行動や状態を見える化
- 効率的な管理に加えて、ノウハウの継承にも効果的

38 畜産向け生産管理システム

畜産管理の高度化により儲かる畜産業を実現

給餌などの作業効率化や疾病・事故リスクの低減を目的に、畜産向けの生産管理ソフトを用いて飼育データを記録、分析、活用する取り組みが広がっています。

畜産における生産管理で、家畜を個体として管理することに加え、経営全体の家畜を“群”と捉え、群としての生産性の高い状態を維持することが収益性向上に直結します。個体単位と群単位の双方で管理しなければならないのが、畜産の生産管理の難しいところです。

酪農を例に具体的な生産管理システムを見ていきましょう。酪農経営においては、個体として高い泌乳量の牛を揃えても、同じ年齢・産次の乳牛だけでは、同じタイミングで加齢とともに泌乳量が減るため、将来的な生産量低下のリスクを抱えることになります。そこで、適切な年齢構成、産次構成になるよう、繁殖や淘汰のタイミングを調整することが群管理のポイントとなります。どの牛を残し、どの牛を淘汰するかという判断も高泌乳の牛群を実現するポイントとなるため、中長期の時系列での生産効率の最大化には、高度な生産管理が欠かせません。

そのような中で、平均経営規模の拡大により、1つの経営体が管理すべき家畜数の増加、管理内容の複雑化が進む中、生産管理をサポートする技術として、クラウドを利用した生産管理システムが商業化され、普及が進んでいます。このような生産管理システムを利用すれば、生産者は情報の記録に基づく意思決定や、データに基づく作業計画の策定を簡単に行うことができます。

作業内容をスマホやタブレットで記録すると、家畜の個体ごとの成績・作業内容、群の状態、経営成績などをクラウド上で見える化でき、経営者による確認判断や従業員間での情報共有を円滑化できます。さらに、蓄積されたデータから、種付け・交配のタイミング設定や淘汰する個体の選定もサポートされ、必要な作業の見逃しや遅れの回避による経営改善効果も期待されます。

最近は前項で紹介した畜産用センサーと連携した生産管理システムも出ており、より総合的で効率的な管理が可能となっています。

実践！ポイント

全国版畜産クラウドのように、生産者間でのデータプラットフォームの基盤整備も進んでいます。そうしたデータを有効活用するためには、経営者と各種デバイスとの間のデータの橋渡しをするインターフェースが必要です。

ファームノート社は、2024年にクラウド牛群管理システム「Farmnote Cloud」と全国版畜産クラウドシステムとの連携の実証を開始しています。これまで、牛の出生や異動といった情報の管理が生産者の大きな負担となってきました。生産者は、牛個体識別台帳に情報を登録するだけでなく、牛群管理ソフトにも同様の情報を登録するという二度手間が発生していたのです。

牛個体識別情報を活用する全国版畜産クラウドシステムとFarmnote Cloudが連携することによって、このような非効率な登録作業の煩わしさから開放され、牛の在籍情報や分娩情報など必要な情報を一元的に管理することが可能になるとされています。

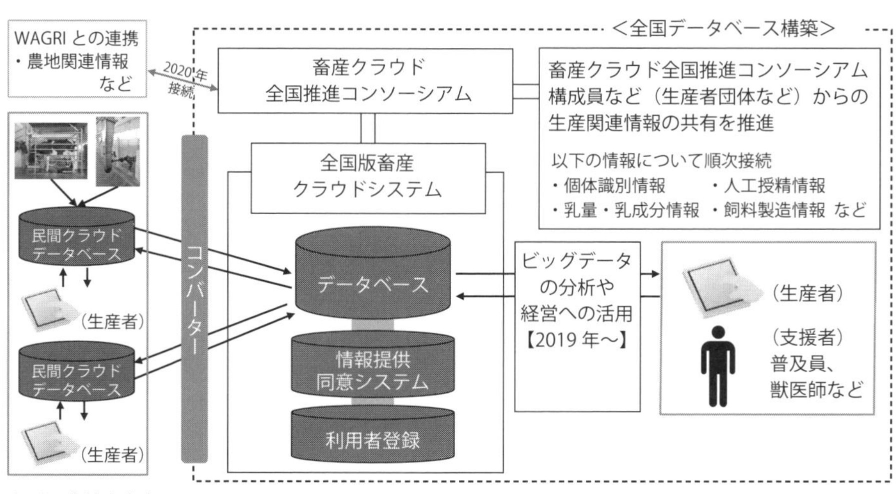

出所：農林水産省

全国版畜産クラウドシステムの概要

- 家畜の状態や飼育に関するデータを管理するシステムの普及が進展
- センサーなどと連携した総合的な生産管理システムも台頭
- 全国版畜産クラウドシステムとのシステム間連携が今後のトレンドに

39 搾乳ロボット

酪農の働き方改革の決定打

畜産業が抱える重要な課題が、労働力の不足や後継者の不在といった“人”の問題です。特に酪農は1人当たりの労働時間が長く、その主要因となっているのが搾乳作業です。酪農の総作業時間の約半分が搾乳で、かつ早朝からの作業が一般的なため、社会全体の働き方改革から取り残されてしまう状況に陥っていました。

そのような事態の打破に向けて、搾乳ロボットによる搾乳作業の自動化が進められています。搾乳ロボットを活用した牛舎では、乳牛が自発的に搾乳ロボットの場所まで移動し、ロボットが全自動で搾乳や乳頭の洗浄などを行う仕組みとなっています。主なメーカーとして、レリー社（オランダ）、デラバル社（スウェーデン）、GEA社（ドイツ）などがあり、大規模酪農家を中心に、農林水産省の補助金を活用した導入が進んでいます。

従来、搾乳は朝晩に1日2～3回、まとめて行う作業でしたが、搾乳ロボットの導入により24時間いつでも乳牛ごとの自発的なタイミングでロボットが実施する作業へと変化しています。これにより、酪農従事者は長時間労働や早朝の作業から解放され、労働条件が大きく改善されます。

搾乳自動化は出荷量の増加にも貢献します。先行研究によると、搾乳ロボットを導入した酪農家では、1頭当たりの搾乳回数が平均2.4～2.9回になり、出荷乳量が増加したと報告されています。手作業による搾乳の場合は、労働力の制約から1日2回の搾乳が大半のため、個体によっては搾乳チャンスを逃しているわけです。搾ってほしいタイミングで搾乳してもらえることは、乳牛のストレス軽減にもつながっています。

実践！ポイント

搾乳ロボットの導入は、生産管理システムとも深く関係しています。搾乳ロボットは搾乳の際に個体ごとの搾乳量、給餌量、泌乳特性、体形などのデータを収集でき、それを生産管理システムで分析することで、生産のさらなる効率化が図られています。

搾乳ロボットを経営改善につなげている牧場では、搾乳ロボットにより空いた作業時間を活用して、収集したデータを分析し、経営の質を向上させています。一例として、搾乳ロボットが取得した発情情報を活用した授精率の改善や乳質データの分析による疾病の早期発見が実現しており、所得や利益の向上につながっています。

一方で、「補助金なしでは搾乳ロボットの導入は難しい」との声も聞かれます。搾乳ロボット自体が高額なことに加え、ロボットの導入の際に牛舎の改造が必要なケースが多い点も、コスト高の要因となっています。現在は海外メーカーの製品が中心であり、今後は国内のベンチャー企業などによる安価なロボット、システムの台頭が望まれます。

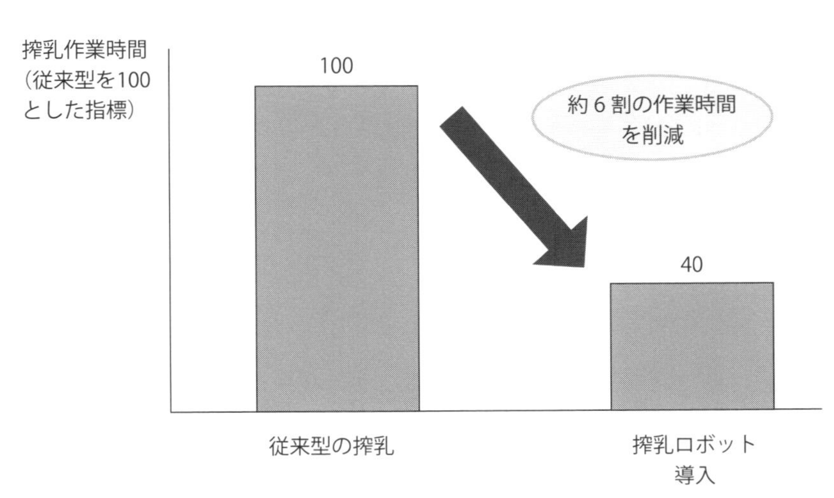

出所：農林水産省資料を基に筆者作成

搾乳ロボットの導入効果

- 搾乳ロボットの導入で長時間労働や早朝作業から解放。働き方改革の実現が新規就農者や後継者の確保へ
- 高額な投資がネック。公的な補助金の活用に加え、ベンチャー企業による安価なロボットの台頭に期待

40 自動給餌ロボット

エサやりを最適化し生育促進・ロス削減・作業時間短縮をまとめて実現

家畜の飼育において毎日発生する作業の1つが給餌（エサやり）です。給餌は家畜に対する栄養供給の要であり、給餌量、餌の質、給餌タイミングは家畜の成長度合いや卵・乳の生産量に大きく影響します。他方で、給餌は畜産農家の作業時間の多くを占める重労働となっており、作業時間の削減や軽労化のための機器・設備の導入が図られています。

自動給餌ロボットの概要を見てみましょう。自動給餌ロボットは自動で餌を給餌スペースに供給する仕組みですが、製品によっていつ・どれだけの餌を供給するかの方式が異なります。単純なシステムでは定期的に特定の場所に一定量（もしくは減少分）の飼料を補充する仕組みとなっています。高度なシステムでは、飼料の摂食パターンや家畜・畜舎のセンシングデータなどを基に飼料の供給量・頻度・タイミングなどを設定し、自動的に給餌を行う仕組みとなっています。

養豚では、ICタグによる個体識別を用いた給餌システム・設備の普及が進んでいます。設定した給餌計画に従って、個体ごとに適切な量を給餌できます。さらに給餌の際に飼料摂取量や体重を測定することで、個体ごとの増体速度、飼料要求率などのデータを収集・活用できるようになっています。

作業時間短縮や軽労化に大きく貢献することから、自動給餌ロボットの普及が進んでいます。前項の搾乳ロボットと同様に、働き方改革の必要性に直面している畜産業界にとって、今後も安定的に担い手を確保するためには欠かせない技術になると考えます。

実践！ポイント

作業負荷の観点に加えて、自動給餌が飼料効率の改善につながる例も報告されています。これまで、マンパワーの制約から、必ずしも家畜が餌を食べたいタイミングで給餌できていない点が課題となっていました。これに対して、給餌ロボットは、プログラムによる多回数給餌の実現により、家畜にとって適切なタイミング、回数の給餌が可能となり、栄養補給の効率化により、生産性の向上につながります。また適切な給餌量、内容を担保することは肉質などの向上にも効果を発揮します。さらに、SDGs（持続可能な開発目標）への関心が高まる中で、多回数給餌により食べ残しが削減するという環境面での効果も注目を集めています。作業負荷軽減に加えて、環境負荷や食品ロスを削減する効果にスポットライトが当たっています。

自動給餌ロボットの導入は衛生対策の強化にも効果があります。豚熱（CSF）や鳥インフルエンザのリスクが顕在化する中、人手による給餌では生産者本人や飼料搬入車の畜舎への出入りの際に病原菌の持ち込みなどが発生することが危惧されています。自動給餌ロボットでは外部との出入りの頻度がかなり減少し、衛生管理レベルを高めることが可能な点も、導入検討の重要ポイントです。

最新のトレンドとして、自動給餌ロボットと生産管理システムや畜産向けセンサーのアプリとのシステム間連携が進んでいる点が挙げられます。家畜や畜舎の状況や直近の飼育履歴データを踏まえた個体・群ごとの高度な給餌調整により、熟練の畜産農家に近いレベルの高度な給餌が実現しています。

	牛１頭当たり給餌時間（時間/頭・年）		
	乳用牛	肉用繁殖牛	肉用肥育牛
人力による給餌方式	43	38	31
自動餌寄せ方式	40	35	28
稲わら細断機	―	―	27
自走式配餌車による給餌方式	37	32	26
自走式配餌車＋自動餌寄せ方式	34	29	24
自動給餌方式（濃厚飼料）	16	14	12
自動給餌（濃厚飼料）＋自動餌寄せ方式	13	11	9
自動給餌方式（濃厚・粗飼料）	14	12	10
自動給餌（濃厚・粗飼料）＋自動餌寄せ方式	11	9	7

出所：農林水産省「持続的生産強化対策事業実施要領」

給餌ロボット導入で削減が期待される年間労働時間

- 畜産業の働き方改革を支える注目技術
- 生産性の向上だけでなく、畜産物の品質向上にも貢献
- 生産管理システムやセンサーとの連動が給餌精度向上のキーファクター

第7章

農業デジタルトランスフォーメーションの最前線

41 農業データ連携基盤「WAGRI」

多様なアプリ・データベースが連携する公的プラットフォーム

農業者が広くデータ駆動型農業を行えるように、農林水産省・内閣府の主導のもとで農業用データプラットフォームである農業データ連携基盤「WAGRI」が構築され、現在は国立研究開発法人である農業・食品産業技術総合研究機構（農研機構）が運営しています。また、基盤の普及・利用促進に向けて農業データ連携基盤協議会（通称：WAGRI協議会）が設立され、2024年6月段階で500を超える企業・団体が参加しており、WAGRIの活用が急速に広がっています。

WAGRIの具体的な機能を見ていきましょう。WAGRIでは、気象情報、農地情報、収量予測などの農業に関する多種多様なデータやプログラム・アプリが提供されています。農機メーカーやICTベンダーは、WAGRI上のさまざまな農業関連データやプログラムを取得して、自社のシステムやアプリと連携させることが可能です。

以前は多くの機能を各社が自前で開発する必要があり、コスト高やユーザー農業者の満足度低下につながっていました。WAGRIができたことで、基礎的なデータベースや最先端の研究成果を基にしたアプリなどは自社開発する必要がなくなり、WAGRIに頼ることができるようになりました。これは各社のサービスの機能向上に直結するとともに、システム開発費の低減、ひいてはユーザーの利用料の低減に貢献していると評価されています。まさに“WAGRI前”と“WAGRI後”では、サービスの内容・質が劇的に変化しているのです。

実践！ポイント

農業者はWAGRIと連携したシステム・アプリを使用して、最適な作物の栽培計画の立案、生育データ・気象データ・土壌データなどを活用した栽培改善、生産・出荷データの分析による経営改善などが可能です。特に注目すべき点は、農研機構の研究成果のアプリケーション化が積極的に進められており、さまざまなアプリの実装が進んでいることです。イネ、野菜、果樹などの収穫期予測シミュレーションや開花予測シミュレーションが実装されており、経験が浅い農業者や新しい品種に挑戦する農業者にとって、作業計画の立案における貴重な羅針盤となりますので、積極的に活用してみてください。

WAGRI経由で提供されるデータやアプリの充実に向け、政府は効果的な一手を打っています。農水省では公費を投入する委託研究や実証プロジェクトの一部の採択条件として、プロジェクトから生まれたデータやアプリなどの成果を積極的にWAGRIに実装することを定めており、農業者が使えるアプリやデータベースが続々と増えています。

また、WAGRIは異なるシステム間でデータを共有する機能も有しており、農業者が品目ごとに異なるスマート農機や生産管理システムを利用していてもデータを統合的に扱うことが可能となります。現時点で相互に連携可能なスマート農機があまりない点が残念なところですが、今後の連携が望まれます。

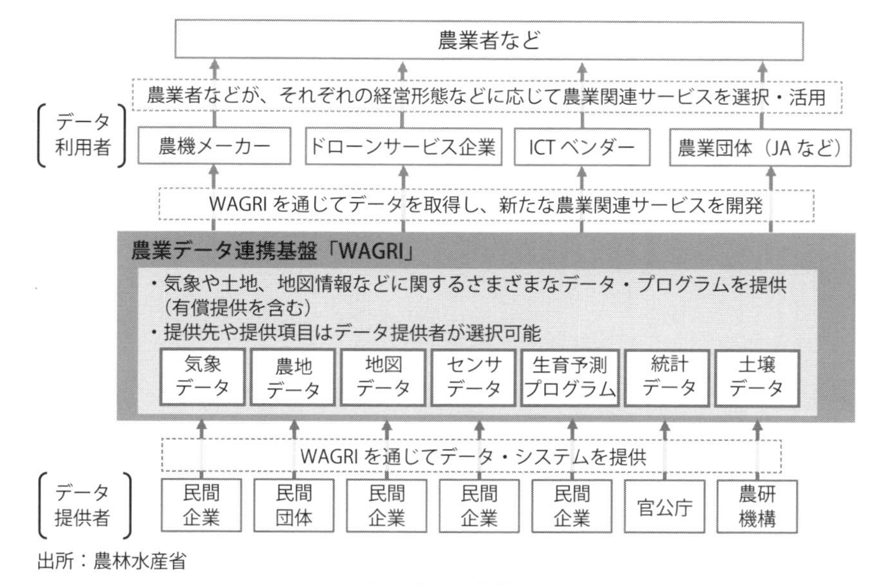

出所：農林水産省

WAGRIの概要

POINT

- 農研機構が運営する公的なデータ連携基盤
- 農地や農薬などのデータベースに加え、収穫予測システムや病虫害診断AIなどもWAGRI経由で利用可能
- これからのスマート農業システムはWAGRI活用がスタンダードに

42 WAGRIの活用事例

“知らぬ間にWAGRIを使っている”のがベスト

スマート農業の機器やシステムをつなぐWAGRIでは、研究機関や民間企業がさまざまなデータやAPI（application programming interface：ソフトウェア、プログラム、ウェブサービスなどの間をつなぐインターフェースのこと）を提供しています。ここでは農水省のスマート農業実証などで次々と生み出されているAPIの活用方法を見ていきます。

はじめに病虫害診断APIを紹介します。農研機構、法政大学、ノーザンシステムサービス社の3者は、AIを活用した病虫害画像診断などのサービスを「農研機構AI病虫害画像診断WAGRI-API」として有償公開しています。対象作物は当初は4作物（トマト・キュウリ・イチゴ・ナス）で、途中で8作物（モモ・ブドウ・ピーマン・ダイズ・ジャガイモ・カボチャ・キク・タマネギ）が加わり12作物となっています。実証事業では各農作物で97％以上の精度での病害検出を実現しており、現場で充分使えるレベルといえます。

農業者が利用する生産管理システム（営農支援システム）からWAGRIに送信された農作物の画像を農研機構内の画像判別システムで判定し、病害・虫害の識別結果をWAGRIに出力し、WAGRIから出力結果を生産管理システムに返す、という構造です。

次に収穫予測システムを見てみましょう。NARO生育・収量予測ツールは、同じくWAGRIに実装されているシステム企業向けの生育予測APIで、タマネギ、キャベツ、レタス、ホウレンソウ、ブロッコリー、葉ネギなどが対象品目となっています。このAPIにより、各社は農作物の生育予測機能を自社システムに組み込むことができ、作付計画の策定や出荷予測情報の提供などで有効利用されています。

この収穫予測システムでは、作付日からの日射量、気温、初期値となる農作物情報の入力を受けて生育量（日別値）、収穫日、収穫量の予測値を出力する仕組みです。タマネギの収穫予測システムでは、生育と収穫を予測する2つの生育モデル（①茎径を初期値に気温から茎・球径、収穫日を予測する生育モデル、②葉面積を初期値に日射量と日長から球重を予測する生育モデル）が用いられています。

実践！ポイント

このようにWAGRIが提供しているAPIやDB（データベース）は、農業者が直接WAGRIにアクセスして使用するものではなく、各社が提供する生産管理アプリ、営農支援アプリを経由して利用するもののため、農業者はWAGRIを強く認識する場面は多くありません。

「WAGRIなんて使ったことがない」という人も実際には気象予報データの配信などでその恩恵を受けている場合が少なくありません。多くの農業者が知らぬ間にWAGRIの恩恵を受けていた、というのはある意味理想的な状態といえます。

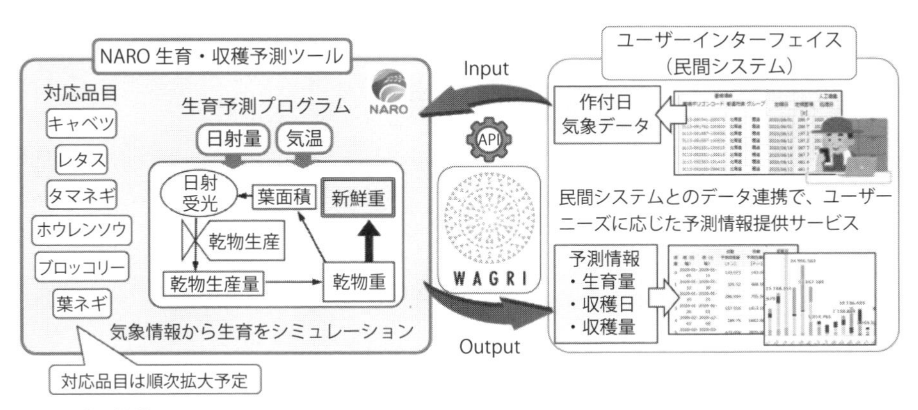

出所：農研機構

WAGRIで提供されている収穫予測API

- WAGRIを通して提供されるAPIやDBは協調領域。各社の生産管理システムの機能充実に大きく貢献
- 農業者がWAGRIに直接触れる場面はないが、実際には契約している生産管理システム経由でWAGRIの恩恵を受けていることも多い

43 農業における生成AIの活用

農業に特化したファインチューニングで“使えるAI”に

AI（人工知能）の技術革新のスピードには驚かされます。最近のトレンドとして、生成AIや対話型AIなどへの注目度が高まっています。

生成AIとは、利用者からの指示を受けて、自動的に文章や画像などを生成する能力を持つAIのことです。生成AIに指示（プロンプト）を入力すると、文脈に沿った回答が出力されますが、その際、文章、画像、音声、動画など幅広いデータ形式で回答を作成可能な点が特徴的です。ウェブの検索エンジンでの単純な検索と異なり、文脈を理解した回答を作ることができる点が強みで、利用側には高度な技術は必要なく、簡単に使えるシステムとなっています。

生成AIはさまざまな場面で活用が始まっており、例えば仕事面では、業務の効率化のために、簡単な資料や議事録の自動作成などで生成AIを活用する取り組みが広がっています。

生成AIの中で対話に特化したものが、対話型AI（対話型生成AI）です。対話型AIとは、利用者と対話することができるチャットボットや仮想エージェントなどの技術を指しており、代表例として、OpenAI社が開発したChatGPTが有名です。自然な文章で会話を行い、質問に対して回答を生成することができて誰でも容易に使える点が高く評価されています。

なおこれらのAIでは、大規模言語モデル（LLM：Large language Models）が使われています。LLMとは、大量のデータとディープラーニング技術によって構築された言語モデル（文章や単語の出現確率を用いてモデル化したもの）で、文章作成などの自然言語処理で使用されています。大量のテキストを学習することで、ある単語の次に来る単語の確率を計算し、それが高いものをつなげていく手法により、自然な文章の作成や要約、受け答えができるようになっている点が特徴です。

実践！ポイント

生成AI、対話型AIの注意点としては、生成AIの回答には間違いが含まれることです。学習データが不正確だったり偏っている場合には、回答自体に歪みが生じる可能性があります。また、“良くも悪くも”何とか回答しようとするため、あいまいな内容だったり、裏づけのない回答をする場合も散見されます。筆者も日常的に生成AIを利用していますが、間違いやあいまいな回答にしばしば出くわします。自分が専門的な知見を持つ分野で活用する場合には、その間違いにすぐ気づくことができるのでさほど問題になりませんが、そうでない場合には生成AIを信じて大きなミスが発生してしまうリスクがあります（実際、生成AIに、ある果菜類の野菜の病気発生時に対策を質問したところ、その品目への散布が認められていない農薬の使用を勧められてしまったというケースがありました）。

農研機構では内閣府の大規模な実証プロジェクトである「BRIDGE」にて、農業用のAIの開発を進めています。汎用的なLLMをベースに、栽培マニュアルや栽培日誌などの農業特有のデータに基づくファインチューニングを行い、WAGRI経由で提供する農業用AIチャットボットとして公開する計画です。

生成AIモデルの開発

●データ収集
・全国の普及員向け掲示板
・普及員向け問題集
・栽培マニュアル
・農研機構SOP
・栽培暦など
●ファインチューニング
・日本語汎用モデル
→全国共通農業モデル
・全国共通農業モデル
→各地域・作物特化モデル

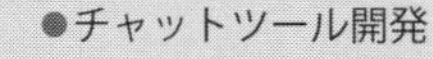

●チャットツール開発
・WAGRIへのモデルの実装
・チャットツールにモデルを組み込み
●チャットツールを利用した改良
・5000名のユーザーによる正誤フィードバック
・公設試の協力による正解データ
●AIモデルへの反映

開発は「生成AIモデルの開発」と
「フィードバックによる改良」の繰り返し

出所：農研機構

農研機構による農業用生成AIの研究概要

● 生成AI、対話型AIが一種のブームに
● 農業分野でも先導的な研究・実証が進捗。近い将来の実用化に期待

44 農家の知恵袋を再現するRAG

農業者の独自ノウハウを尊重した生成AI活用術

農業分野でのノウハウ共有、補完に関する新たな技術として、RAGへの注目度が急激に高まっています。RAGとは、Retrieval Augmented Generationの略で、LLM（自然言語処理に特化した生成AIの一種）によるテキスト生成に、利用者が蓄積した大量のマニュアル、作業記録、営農日誌、作業指示書などの内部情報や、外部の最新情報の検索を組み合わせることで、回答精度を向上させる技術のことです。

前項で紹介した生成AIは対話型のコミュニケーションを円滑にできる点が強みですが、時に間違えたことをいったり、それっぽく取り繕ったりする点が課題となっています。そこでRAGでは、内部・外部の確かな情報の検索を組み合わせることで、LLMの出力結果の根拠を明確化して事実に基づかない適当な回答を生成するのを防いだり、最新の情報を取り入れて内容を更新できるようにしています。

ファインチューニングや追加学習はLLM自体を学習させて精度向上を図る手法であるのに対して、RAGは内部情報などのデータ検索と抽出を行って、その内容を踏まえてLLMに高精度な回答を出力させることができるという点が両者の違いです（RAGは補助的な役割ともいえます）。

RAGを活用したビジネスモデルとしては、例えばオンライン服薬指導を行う会社が、専門的な質問に回答するためにRAGを活用したチャットボットを導入している事例が挙げられます。従業員がRAGを活用してさまざまな薬に関する問い合わせに迅速、正確に対応できるようになり、顧客満足度の向上につながったと評価されています。

実践！ポイント

RAGの最大の強みが、膨大な自社のデータベースから情報を検索し、回答させるように自社データを組み込む手法のため、それぞれがコストと時間をかけて培ってきたノウハウを一般公開することなく、LLMで活かすことができる点です。独自ノウハウを守りながら生成AIを活用できる点が、農業者それぞれが匠の技を磨いてきて、ノウハウに対する想いが非常に強い農業に特にマッチしているといえます。また全国レベルでファインチューニングされたLLMに対して、RAGは地域差や地域特性などを反映しやすいことも、農業の実態に即した特徴といえます。

今後、RAGの活用を推進するためには、ファインチューニングされたAIに任せる範囲と、RAGに任せる範囲について、農業関係者が納得いく形で明確化することが不可欠です。言い換えれば、どこまでのデータ・ノウハウをみんなで共有するかということになります。RAGをうまく使えば、技術水準が高い地域の農業者グループや農業法人も、自らの技術優位性を保ちながら生成AIを効果的に活用できるようになります。線引きの明確化と、協調領域としての生成AIのファインチューニングについては国や公的機関が主導することが求められます。

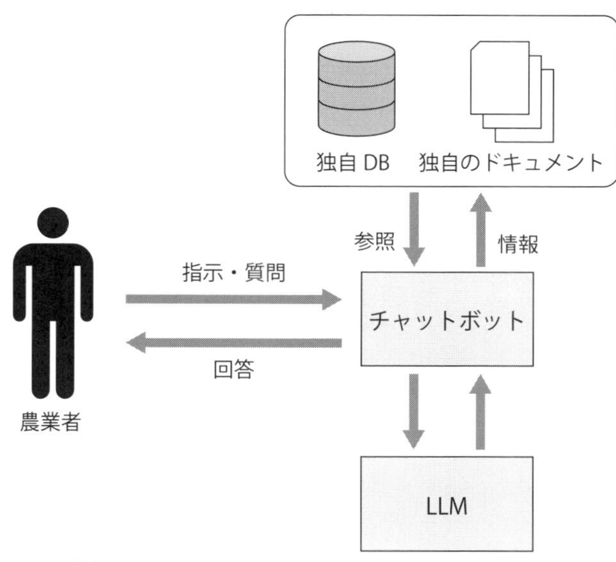

RAGの全体像

POINT

- 対話型AIを補完する技術としてRAGに注目
- それぞれの独自ノウハウを守りながら生成AIを効果的に活用できる点が属人的ノウハウが多い農業向き

45 農林水産省のオンライン手続きシステム「eMAFF」

3,000件を超える手続きがオンラインで実施可能に

農水省ではデジタル化の取り組みとして、①農林水産省共通申請サービス（eMAFF）プロジェクト、②農林水産省地理情報共通管理システム（eMAFF地図※）プロジェクト、③業務の抜本見直しプロジェクト、④MAFFアプリプロジェクト、⑤データ活用人材育成推進プロジェクトの5本柱を掲げ、その中核としてeMAFFプロジェクトが推進されました。

eMAFFは、申請者の利便性向上を目指し、農水省が所管する法令に基づく申請や補助金・交付金の申請をオンラインで行うことができる電子申請システムです。2023年3月時点で、3,000を超える手続きのオンライン化が完了しており、かなりの手続きがオンライン化された状況です。

実践！ポイント

農林水産業における各種手続きや情報のオンライン化により、農業者の効率化や利便性の向上が実現しています。例えば、農業者や農業関係者は、eMAFFを利用することで、市役所などの窓口に行かず自宅や職場のパソコンやスマートフォン（スマホ）、タブレットから補助金の申請や統計情報の提出申請ができるようになりました。多くの手続きを網羅しておりワンストップで各種手続の申請が可能な点、蓄積された申請情報が自動的に申請フォームに自動転記されるなどのワンスオンリー機能を備えている点などが便利と評価されています。他にも申請の審査状況・結果がいつでも把握できる、書類の押印が省略（条件つき）できるなどのメリットもあります。

農水省による行政手続きのオンライン化の取り組みは、全省庁の中でも目立っています。農林水産業は他産業に比べてデジタル化やスマート化の取り組みが遅れている印象を持たれることが少なくありません。その中で農水省が大胆にデジタル化を進めた背景として、行政との関わりが深い農業において、まずは農水省が率先して自らデジタル化への決意を農業者や農業関係者に示したという意味合いがあります。また、もともとシステム化の取り組みが遅れていたため、古いシ

ステムとの調整が少なく済んだ点も追い風となりました。

農水省の取り組みはIT業界でも注目を集めています。日本データマネジメント・コンソーシアム（JDMC）が選定する2022年度のデータマネジメント賞では、農水省がデータマネジメント大賞を受賞しました。同賞は、データマネジメントにおいて、他の模範となる活動を実践している企業・機関をJDMCが選定・表彰しているもので、eMAFFをはじめとする農業DX（デジタルトランスフォーメーション）に関する取り組みが大賞受賞の理由に挙げられました。農業でDXが進んでいるという事実は他産業にも大きなインパクトを与え、結果として他産業の企業がスマート農業や農業DXに取り組むきっかけにもなっているようです。

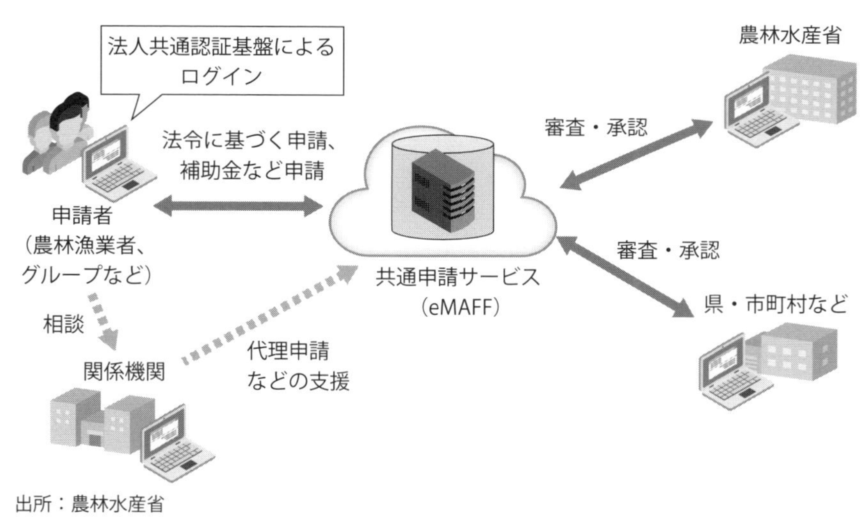

農水省のeMAFFのシステム概要

※ eMAFF 地図：eMAFF とデジタル地図を組み合せて農地情報を統合し、一元管理する仕組み。

POINT

- 農水省の3,000以上の手続きがオンライン化
- 農業者の入力や管理の手間が大幅削減
- 農水省の積極的な取り組みはIT業界で注目の的に

第8章

スマート農業の始め方

46 スマート農業の導入ステップ

スマート農機を買うかサービスを買うかの判断が重要

スマート農業を導入するためには、導入ステップに従った事前準備が欠かせません。具体的なステップを見ていきましょう。

ステップ①　目標の設定

スマート農業の実践の導入のはじめの一歩は、スマート農業技術を導入する目的を明確化することです。それぞれの農業者が抱える課題や狙いに合わせて、目標を設定しましょう。農業経営上の課題や効率化が必要な点、改善を求めている部分などを明確にし、その上でスマート農業技術がその課題解決に役立つ可能性があるかを確認します。

特に、作業負荷の低減、コストの削減、規模拡大、売り上げ拡大といった目標においては、具体的な数値目標を立てることが不可欠です。その際には、農林水産省の実証事業などで公表されているスマート農業の導入効果の数値を参考にすると、具体的な目標設定が容易となります。

ステップ②　スマート農業一貫体系の検討（作業計画の策定）

各スマート農業技術に関して、年間での稼働スケジュールを策定しましょう。単にスマート農機の利用時期を並べるのではなく、実際の生産現場でどう活用するかを計画に落とし込む必要があり、運用する作業者（オペレーター）の配置も考慮する必要があります。スマート農業では複数のスマート農機の同時稼働や遠隔操作など、農業者1人当たりの実施可能なタスクが増加することを踏まえた配置となります。

ステップ③　スマート機械技術の利用形態の検討

利用するスマート農業技術、対象圃場（ほじょう）、対象作業を踏まえて、効率的な利用形態を検討しましょう。導入対象のスマート農機について、購入するかレンタルするか他の農業者と共同利用するか、もしくはスマート農機は自ら導入せずに作業を農業支援サービス事業体に委託する（アウトソーシングする）かを判断することになります。気象センサー、土壌センサーのように常時使用するものについては購入するのが基本ですが、スマート農機、農業ロボット、農業用ドローンなどはいずれの方法も選択可能です。スマートトラクターや農業用ドローンは従来型の農機よりもはるかに効率性が高いため、中小規模の農業者ではその機能を持て余してしまう可能性がある点に注意が必要です。

ステップ④　スマート農業技術の資金計画の策定

スマート農業技術の利用計画を基に、収支計画を立て、必要な資金を明確化し、自己資金や融資などによる必要資金の確保を進めます。なお、補助金を活用する場合には、申請時期や受給までのタイムラグをしっかりと把握した上で、年間の事業計画に盛り込んでください。

ステップ⑤　スマート農業技術の事前研修

農業支援サービス事業体に作業委託する場合を除き、スマート農業技術を円滑に導入するためには、事前の技術習得が重要です。農業大学校の短期プログラムや農業試験場やメーカーの研修プログラムの受講などが有効です。

ステップ⑥　スマート農業技術の導入

上記ステップを踏まえ、スマート農業技術を現場に導入します。現場への導入に不安がある方は、導入時のサポートが手厚いメーカー、サービスメニューを選択しましょう。一部メーカーでは、立ち上げ時に指導員を派遣してくれるところもあります。

経営面	作業面	社会面
●売上 ●利益・利益率 ●費用対効果 ●営農面積	●労働時間の削減 ●年間でのボトルネックの解消 ●重労働の削減 ●危険な作業の削減	●GHG 削減 ●生物多様性・保全 ●従業員のダイバーシティ

出所：筆者作成

スマート農業導入における目標設定のポイント

POINT

- まずは農業支援サービスの活用が可能かを検討
- スマート農機を購入する場合、栽培規模や課題を踏まえた“適正スペック”を
- 政府、自治体、JA、農研機構などのサポート体制が充実。まずは地域内での相談相手を確保

47 スマート農業の学び方

スマート農業が農業高校・大学校の必修カリキュラムに

スマート農業技術を学ぶ方法としては、農業高校や農業大学校[※1]などの農業教育機関で学ぶ、メーカー・自治体・JA（農業協同組合）などの研修会で学ぶ、オンラインで学ぶなどの選択肢があります。

スマート農業という新しい技術の普及に向け、政府はデジタルネイティブな若者からの普及促進策を描いており、農業高校・農業大学校におけるスマート農業教育に力を入れています。標準的な学習内容にスマート農業が組み込まれており、効果的な学習のためにスマート農業拠点校の設置、スマート農業教育コンテンツの充実、教員向けスマート農業研修などを展開しています。実践的な教育ができるよう、国の補助を活用してスマート農機や生産管理アプリを導入する学校も増えています。

自治体や地域の組織がスマート農業の技術研修を行っているところもあります。富山県農林水産公社はスマート農業普及センターを設置し、地域の農業者に対してスマート農機に関する講義や作業の実演、シミュレーターによる体験などの技術研修を行っています。

実践！ポイント

メーカーによるスマート農業技術の研修の例として、ヤンマースカイスクールを見てみましょう。ヤンマーでは農薬散布用に農業用ドローンを販売するとともに、同スクールにて、ドローンによる農薬・肥料などの散布作業に求められる操縦技術や知識を体系的に学習できる研修メニューを提供しています。

続いて、オンラインでスマート農業を学ぶ方法を紹介します。農水省は同省ウェブサイトにて「スマート農業教育オンラインコンテンツ」[※2]を公開しています。農水省の令和5年度スマート農業教育推進委託事業にて北海道大学が制作したコンテンツで、自動運転農機、農業用ドローン、農業ロボットなどの各種スマート農業技術について解説動画と補足テキストが公開されています。基礎的な技術・用語から最新の事例や操作方法まで体系的に学ぶことができ、加えて最新のトピックスについても“トレンド編”として情報提供されています。農業高校・農業大学校の学生に加え、現役の農業者、大学や農業関連企業の研究者、農業に関心がある方などが、広く利用可能なコンテンツです。動画によるわかりやすい解説によってスマート農業技術の基礎を学べることがメリットで、学校の授業や自治体・メーカーの研修会などの実技を学べる場と組み合わせた利用が効果的です。

1. スマート農業拠点校の設置

【拠点校】

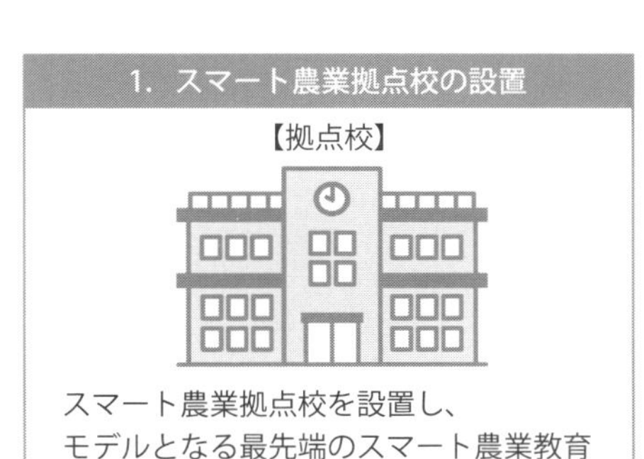

スマート農業拠点校を設置し、
モデルとなる最先端のスマート農業教育カリキュラムを研究・開発

2. 教材の充実

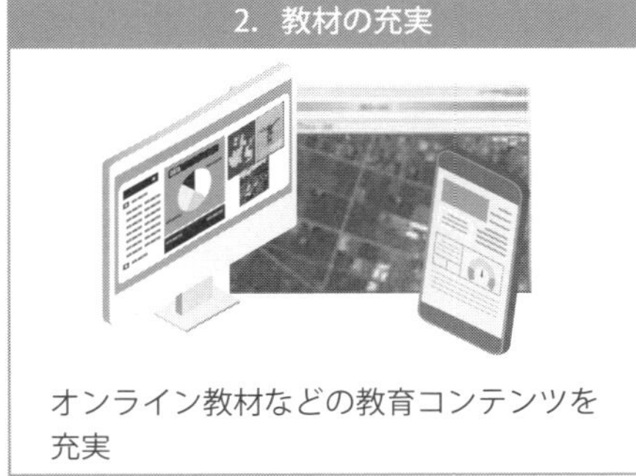

オンライン教材などの教育コンテンツを充実

3. 教員向け研修

農業大学校や農業高校の教員が、体系的に学ぶことができる研修を実施

4. 農業者向け研修

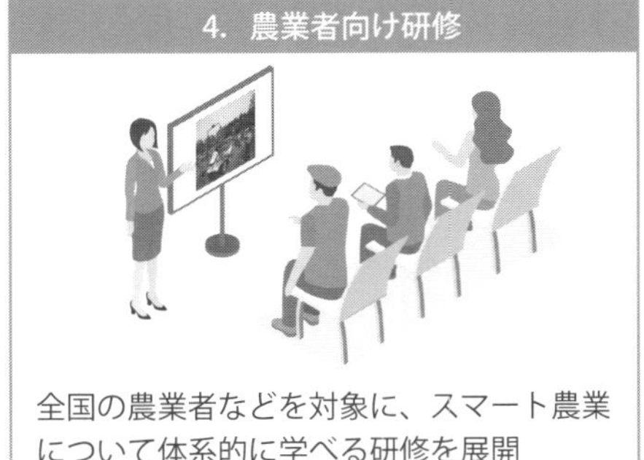

全国の農業者などを対象に、スマート農業について体系的に学べる研修を展開

出所：農林水産省

農林水産省によるスマート農業教育の推進策

※1　農業大学校：公立の農業大学校が全国 42 道府県に設置、社会人も入学可能。

※2　スマート農業教育オンラインコンテンツ：https://www.maff.go.jp/j/keiei/nougyou_jinzaiikusei_kakuho/smart_kyoiku.html

- 農業高校・農業大学校でスマート農業が必修の学習内容に。デジタルネイティブ世代からのスマート農業普及に期待
- オンライン教材を用いたスマート農業学習も有効な選択肢

48 ニーズに合った農業技術の選定

「品目×作業×費用対効果」から適切な技術導入を

ここでは、スマート農業を導入する際の機器やアプリの選び方の視点を紹介します。

まずは対象となる作物に関して、地域の公的試験場やJAなどが公開している栽培マニュアルやSOP（標準作業手順書）、13項で紹介したスマート農業一貫体系などの資料を確認し、どのようなスマート農業技術が候補になるかを概観しましょう。ベンチマークとなる先行事例、成功事例を理解してから自らの農場にどう活用するかを考えた方が具体的に検討しやすくなります。

続いて、自分の農場における栽培手法や経営における課題を抽出します。特に採算性の低い作業はないか、何の作業が効率化のボトルネックになっているか、どのようなノウハウが不足しているかなどを重点的にチェックしてください。

次に、スマート農業技術の導入により上記課題が解決可能かを確認します。例えば地域全体の人手不足により収穫期に非正規労働力（アルバイトやパートタイム従業員）が確保できないという課題があった場合、自動収穫ロボットや自動運搬ロボットの導入が候補になります。メーカーの説明資料、スマート農業に対応した栽培マニュアル、スマート農業実証プロジェクトの成果報告書などを参考に、どの程度の省力化、効率化の効果があるかを確認し、それにより不足している労働力をカバーできるかを判断することになります。

実践！ポイント

課題が限定的な場合には必ずしもスマート農業技術を“フルコース”で導入する必要はなく、必要な技術を“アラカルト”で導入するのが得策です。ただし、“アラカルト”と“つまみ食い”は異なります。無計画にとりあえず1つ2つのスマート農業技術を導入してしまうと、十分に課題解決に貢献できない可能性があるので注意が必要です。

なおスマート農機やアプリを導入する際に迷いどころなのが、どこまで汎用性を持たせるかという観点です。稲作に特化したスマート農機とするのか、転作で栽培する麦作や大豆作にも使えるスマート農機にするのか、単機能ロボットにするのか多機能ロボットにするのか、モニタリング専用ドローンにするのか作業兼用ドローンにするのかなどの判断が重要となります。

汎用的なスマート農機、アプリは複数品目に対応可能ですが、一般的に単機能な専用機よりも高コストになりがちなため、複数品目で活用した場合の稼働率を加味した時間当たりの農機コストを算出し、コストパフォーマンスを検証する必要があります。

なおスマート農業技術を導入する際には、保証やメンテナンス体制などを必ず確認するようにしてください（次項で詳述）。

【水稲部門・中山間部門】

スマート農業技術	導入効果（実証で得られた成果）
●**農業用ドローン** 農薬・肥料の散布や播種、カメラなどによる生育状況のセンシングを実施 〔価格＊本体のみ〕 ・センシング用100万円～/台 ・防除用130万円～/台	●**超省力・大規模生産を実現** ・防除作業の省力、適期防除の実施 【成果】病害虫の防除時間が約6割削減 ・圃場間の生育むらを把握 【成果】施肥量調整により水稲の生育ムラを7ポイント改善 ・肥料、飼料作物の播種の省力化
●**高性能田植機** 自動走行による田植えを実施（可変施肥機能つきの製品あり） 〔価格〕約300万円～/台	●**超省力・大規模生産を実現** ●**誰もが取り組みやすい農業を実現** ・直進アシストによる作業の軽労化 ・可変施肥による地力に応じた施肥 【成果】肥料代を約1割削減
●**水管理システム** 水位・水温などの自動測定とスマートフォンなどでの確認（給水管理機能の製品あり） 〔価格〕約8万円/水位センサー・給水ゲート	●**省力生産を実現** ●**誰もが取り組みやすい農業を実現** ・圃場の見回り作業が大幅に省力化 ・スマートフォンなどで水位、水温などの情報が確認できるため、迅速な対応が可能 【成果】水管理に係る作業時間が6割削減

出所：鹿児島県

鹿児島県「スマート農業導入の手引き」（一部抜粋）

● スマート農業に対応した栽培マニュアルやSOPをはじめに確認
● どこまでスマート農業を導入するか、どこまで現状のままでいくかの見極めがポイント

49 スマート農業技術の利用時の留意事項

広く普及するまでは農業者個人での“理解”が必要

これからの農業のスタンダードに位置づけられるスマート農業ですが、当然万能な技術ではなく、また発展途上中の技術も少なくありません。ここでは、スマート農業を導入する際の留意事項について解説します。

はじめに、導入するスマート農機やアプリが市販品としての水準に達しているかという点です。まだ実証段階のものを先行販売しているケースが少なくないからです。アジャイル開発※が広がっているとはいえ、使い物にならない製品・サービスでは意味がありません。

次々と登場するスマート農業技術がどのようなレベルにあるかを把握する際にはTRL（技術成熟度レベル）やBRL（ビジネス成熟度レベル）を確認することが有効です。ともに9段階の指標で、8以上が本格的な実装段階（市販化段階）で、6〜7がその一歩手前の実証段階とされています。

実証段階のものに協力するのであれば、それに対するギブアンドテイク（実証への協力費や導入費用の減額など）があるものを選びましょう。ただし、残念ながら実装段階に進めず頓挫するプロジェクトも多く見られます。中には事業破綻してしまったベンチャー企業もあります。せっかく新しい技術を導入したのにメーカーや研究機関側が撤退してはしごを外されるのは大きなリスクです。また、実装段階に至った場合も、実証段階とは仕様が変更となることも多いので、メンテナンスや技術サポートの観点で注意が必要です。

実践！ポイント

スマート農機やアプリのメーカー／ベンダーはベンチャー企業が多く、大手農機メーカーと比べてメンテナンス体制が不十分なことが一般的です。さらに、修理のための部品の在庫が少ないこともあり、修理までに時間を要してしまう傾向にあります。ベンチャー企業でも代替機をきちんと準備していたり、大手メーカーや研究機関と連携してメンテナンス体制を構築しているケースもありますので、導入を検討する時点で条件を把握しておいてください。

軽微な不具合であればユーザー側で自己解決するのも選択肢となります。メーカーの問い合わせ窓口に連絡しても、専門スタッフが不在で解決に時間を要することがあります。地域で同じ技術を広く導入する場合には、JA、試験場、大手農業法人などに専門的な知識を持つマイスター的な人材を育成しておき、地域内で発生した困りごと、不具合に対応するというやり方も有効です。農業・食品産業技術総合研究機構（農研機構）が実証中の指導員向け農業用生成AIが実装されれば、自己解決できる範囲が広がると期待されます。

また、全国レベルでの対応策としては、SNSを活用してユーザー同士のネットワークを構築し、疑問点の解決や過去の事例・新しいアイデアの共有を行っている事例もあります。

TRL（技術成熟度レベル）の定義

区分	レベル	内容
基礎	1.	科学的な基本原理・現象の発見
基礎	2.	原理・現象の定式化応用的な研究
基礎	3.	技術コンセプトの確認（POC）
基礎	4.	研究室レベルでのテスト
応用	5.	想定使用環境でのテスト
応用	6.	実証・デモンストレーション（システム）
応用	7.	トップユーザーテスト（システム）
実装	8.	パイロットライン
実装	9.	大量生産

出典：The Technology Readiness Levels, NASA, 2012.

BRL（ビジネス成熟度レベル）の定義

区分	レベル	内容
基礎	1.	初期コンセプト
基礎	2.	課題解決手法
応用	3.	チーム・計画の形成
応用	4.	顧客の定義
応用	5.	仮説検証
応用	6.	実用最小限の製品
応用	7.	フィードバックループ
実装	8.	スケール
実装	9.	市場への浸透

出典：The Business Readiness Levels, Richie Ramsden, Mohaimin Chowdhury, 2019.

出所：内閣府

TRLとBRLの定義

※アジャイル開発：小単位での実装とテストを繰り返して開発すること。

POINT

- TRL、BRLを確認し、“市販化”されたものを選ぶこと
- ベンチャー企業の場合、サポート体制が不十分なケースも
- 農業試験場やJAに相談窓口がある場合には積極的に活用

50 スマート農業は“シェアリング”が基本

ヒト・モノ・スキル・ノウハウの共有がカギ

さまざまな分野で“シェアリングエコノミー”が存在感を増しています。「個人等が保有する活用可能な資産等（スキルや時間等の無形のものを含む。）をインターネット上のマッチングプラットフォームを介して他の個人等も利用可能とする経済活性化活動」（デジタル庁の定義）のことで、カーシェア、民泊のようなモノ・場所のシェアに加え、家事代行サービスのようにスキルをシェアするものも含まれます。シェアリングエコノミーの波が農業分野にも到達しています。その代表例が農機のシェアリングです。従来、農機は農業者が自ら購入し、使用するというのが一般的でした。しかし農機シェアリングでは、各農業者が農機を個別に所有するのではなく、共有する形となります。

農機シェアリングのメリットは多岐にわたります。まずは、各自の投資負担を減らす効果です。農機を自ら購入する際には数百万円以上の投資が必要で、複数種類の農機を揃えるとなるとかなりの投資額になりますが、専門事業者型の農機シェアリングを利用することで、自らすべてを所有する必要がなくなり投資が不要となります。また、保有する農機のメンテナンス費用も不要です。さらに、複数の農業者（特に栽培品目や地域が異なる農業者）が同一の農機を共同利用することで、農機の年間稼働率を向上させることができ、それにより日当たり、時間当たりのレンタル料金を抑えることができます。

実践！ポイント

農機シェアリングの実例を見ていきましょう。大手農機メーカーのクボタが提供する農機シェアリングサービスでは、クボタが所有する農機を協力農業者（＝パートナー）が保管や管理を担当し、複数の農業者（＝一般ユーザー）がシェア利用するという仕組みです。個別の農業者間で農機のマッチングを行うのではなく、中核となる協力農業者を設けている点が特徴です。また、JA三井リースも農機シェアリングサービスを展開しています。同社では、高額な大型コンバインなどに関して、作業時期の異なる複数地域の農業者をリレー方式で組み合わせて農機稼働率を高めるモデルを構築し、農業者の利用料を押さえる農機シェアサービスを進めています。このサービスの場合、農業者間での直接的な農機シェアではなく、同社が各農業者に対して農機をレンタルする仕組みです。

ただし、農業におけるシェアリングエコノミーは“農機＝モノ”のシェアに留まりません。シェアリングエコノミーの概念の通り、モノ以外にもヒトやスキル・ノウハウもシェアすることが効果的です。人手が足りない場合には農機のオペレーターも一緒に派遣してもらって“モノ＋ヒト”をシェアしたり、ドローンのように使用方法が難しい農機の場合には、作業自体を委託して“モノ＋ヒト＋スキル”をシェアするモデルが有望な選択肢となります。このようなシェアリングモデルの具体例は、次項で「農業支援サービス」として紹介します。

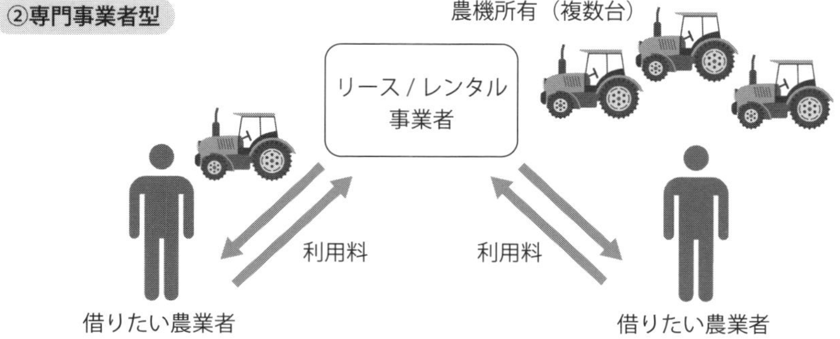

出所：筆者作成

農機シェアリングの概要図

- シェアリングエコノミーの波が農業にも到達
- モノだけでなく、ヒトやスキルやノウハウも合わせてシェアするのが成功のポイント

51 農業支援サービス

農業は“みんなでやる”時代へ

農水省が農業の新たなモデルとして推進している“農業支援サービス”とは、前項で紹介した農業分野のシェアリングエコノミーであり、農業現場における作業代行やスマート農業技術の有効活用による生産性向上支援など、農業者に対して外部からサービス提供するモデルを指します。また、このようなサービスを提供する事業体は「農業支援サービス事業体」と呼ばれています。農水省は各種政策に農業支援サービスの推進を盛り込み、ドローン、自動運転農機、農業ロボットなどの先端技術を活用した作業代行サービスや農機シェアリングなどの次世代型の農業支援サービスの定着を促しています。

実践！ポイント

農業支援サービスは①専門作業受注型、②機械設備供給型、③人材供給型、④データ分析型、⑤複合型の5パターンに分類されます。

専門作業受注型とは播種（はしゅ）、防除、収穫などの農作業を農業者から受託し、農業者の代わりに実施するサービスです。以前から作業代行サービスは存在しましたが、最近はドローンや草刈りロボットなどのスマート農機を駆使して効率的に作業を代行する先進的なサービスが急拡大しています。

機械設備供給型は農機や設備のシェアリングを行うサービスで、リースやレンタルなどの形態が挙げられます。中には農業ロボットベンチャーのinaho社のように、自動収穫ロボットを農業者に無償で貸し出し、収穫物の一定割合を利用料として徴収するサブスクリプションモデルも登場し、注目を集めています。

人材供給型は作業者を必要とする農業現場に人材を派遣するサービスです。農作業を担当する一般的な作業員の派遣だけでなく、ドローンパイロットや自動運転農機のオペレーターのような専門知識・スキルを有した人材の派遣も行われています。

データ分析型は農業関連データを分析してソリューションを提供するサービスです。ドローンで取得したデータを解析して生育状況の診断を行うサービス、生産や販売などの経営データを分析して経営改善を行うサービスなどが展開されています。

複合型は、上記の①～④を組み合わせたモデルで、例えばドローンを飛ばして農地をモニタリングし、そのデータを分析して病害発生箇所を特定し、ドローンによる農薬のピンポイント散布を行う、といったサービスが該当します。

農業支援サービスの導入により、農業者は投資負担を減らしたり、生産の効率化を図ることが可能となります。特に、労働力不足やノウハウ不足といった農業の抱える問題の解決につながると期待されています。極端なケースですが、農作業のほとんどを農業支援サービス事業体に委託して自らは作業にタッチせず経営戦略策定や組織のマネジメントに特化する“オーナー”的な農業者が出現する可能性もあります。

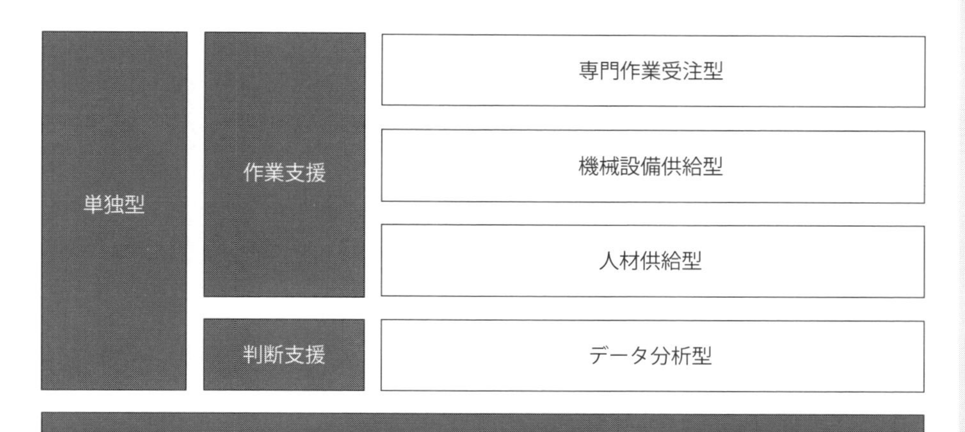

出所：農林水産省資料などを基に筆者作成

農業支援サービスの類型

- 農業者の代わりに作業やデータ分析などを行う農業支援サービスが台頭（5つのパターン）
- 農水省が農業者向け支援と同様に、農業支援サービス事業体向けの支援を拡充
- すべて自らやる農業から、大変な業務、苦手な業務、採算が悪い業務を外部に任せる農業へ

52 新たなトレンド“スマート農業技術活用サービス”

スマート農業に特化した農業支援サービスの応用版

2024年6月にスマート農業技術活用促進法が公布されたことに伴い、新たに“スマート農業技術活用サービス”という概念が定義されました。スマート農業技術活用サービスは、事業者が農業者などを支援するため対価を得て継続的に行うスマート農業技術を活用したサービスのことで、前項で解説した農業支援サービスの1形態となります。つまり、スマート農業技術を駆使した農業支援サービスを、新たにスマート農業技術活用サービスと定義づけしたというわけです。また、このようなサービスを提供する主体は、「スマート農業技術活用サービス事業体」と呼ばれています。

サービスの分類は農業支援サービスの5分類と同様です。具体例として、農業ロボットを活用した収穫作業の代行サービス、ドローンによる農地モニタリング＆農薬・肥料散布サービス、自動運転農機のオペレーター派遣サービスなどが挙げられます。

スマート農機以外の一般的な農機のシェアリングや、スマート農業を担当しない人材の派遣などはスマート農業技術活用サービスには含まれませんが、今後スマート農業が広く普及していく中で、“農業支援サービス≒スマート農業技術活用サービス”になっていくと考えています。

実践！ポイント

スマート農業技術活用サービスに関する実証事業を見てみましょう。岡山で実施された実証事業では、標高差があり作業適期が異なる複数地域の農業者でスマート農機を共同利用するモデルが試行されました。対象となったスマート農機は直進キープ田植機と食味・収量コンバインの2種類で、農水省の報告書によると、農機シェアリングによって10a当たりの機械コスト（減価償却費）を約半分にまで低下させることに成功しています。

埼玉では、農薬散布ロボットを活用したスマート農業技術活用サービスの実証が進められています。畝の形状に合わせた高精度の自律走行が可能な農薬散布ロボットを駆使し、県内農業者向けに農薬散布サービスを行っています。農薬の散布作業は、特に高齢農業者にとっては身体的負担が大きく、外部に作業を任せたいという農業者が少なくありません。ただし地域の農業者が作業を委託したいタイミングが重複しがちなことから、実証では生産管理システム（営農支援システム）を活用して、作業委託ニーズを早期に把握し、受託のタイミングを調整することで、高い稼働率の実現を図っています。

促進法では、スマート農業技術活用サービス事業者に対しても税制・融資などの支援措置を講ずることがうたわれており、スマート農機の保有についても、個々の農業者による保有からサービス事業者による保有にある程度移行すると想定されます。

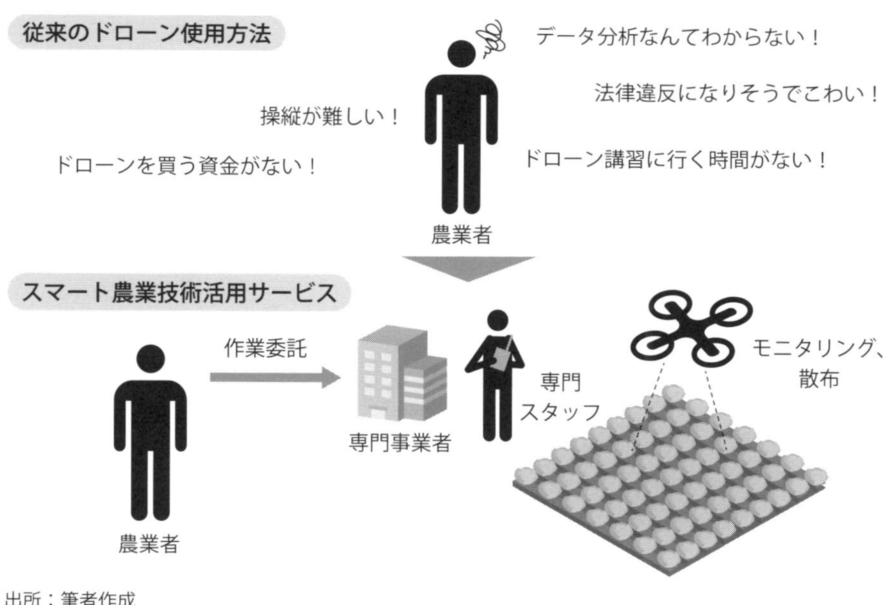

出所：筆者作成

スマート農業技術活用サービスの活用例

POINT

- スマート農業技術活用サービス＝スマート農業技術を駆使した農業支援サービス
- 高度な技術や豊富な知見が必要なスマート農業技術を専門事業者に委託することで、誰でも簡単に“スマート農家”に
- 政府による手厚いスマート農業技術活用サービス事業者向けの支援策が追い風に

第9章

スマート農産物流通

53 農産物流通の概要とトレンド

農産物流通にもICT／IoTを活用したスマート化の波が到来

消費者のライフスタイルの多様化や新たな購入チャネルの出現によって、農産物流通は複線化しつつあります。農林水産省が掲げる「生産者が有利な条件で安定取引を行うことが出来る流通・加工の業界構造の確立」に向け、市場を介さず消費者に直接販売する直接販売ルート（農産物ダイレクト流通）が増加傾向にあります。

農産物ダイレクト流通の代表例として、直売所やインターネット販売（次項で詳述）などが挙げられ、オイシックス、ポケットマルシェ、食べチョクのように、高品質な農産物の個別宅配で成功する事業者が出現しています。

一方で、これまで農産物流通の中核を担ってきた市場流通でも進化が起き始めています。農水省、内閣府、経済産業省などの研究開発事業や実証事業で、さまざまな“スマートフードチェーン”に関する取り組みが推進されています。内閣府の戦略的イノベーション創造プログラム（SIP）で実証が行われたスマートフードチェーンプラットフォーム「ukabis（ウカビス）」では、クラウドを用いて農業者、卸売事業者、小売業者などがお互いに持っているデータを共有することで、農業者が自分の出荷した農産物が「いつ」「どこで」「どのようなルートで」「いくらで」売れたかを把握できるようになることを目標に掲げています（55項で詳述）。

これまで主に市場流通に関与してきたJA（農業協同組合）の活動にも変化が見られます。従来の農業者から手数料を取る委託販売だけでなく、自ら在庫を持つ買い取り販売方法が強化され、活動の多様化が進んでいます。旧来型の農産物流通の象徴と捉えられがちなJAにおいても、「JAタウン」というオンラインストア（産地直送通販サイト）の運営を手掛けているように、“市場流通はダメ、ダイレクト流通がよい”とステレオタイプに考えるのは得策ではなく、両者のメリット／デメリットを理解した上で使い分けることをお勧めします。

農産物の物流改革も加速しています。物流の2024年問題は農産物の物流にも直撃しています。農産物はその日の収穫量や季節によって運ぶ量の変動が大きい、商品が損傷・劣化しやすい、といった課題があり、トラックドライバーから敬遠されやすい商材であり、“運転手とトラックの奪い合い”ともいえるマーケット環境下では農産物は後回しにされがちと指摘されています。今後は、ICTを最大限活用してシステム化された共同配送や、荷積み・荷下し作業低減のためのパレット輸送の取り組みが広がっていくと期待されています。

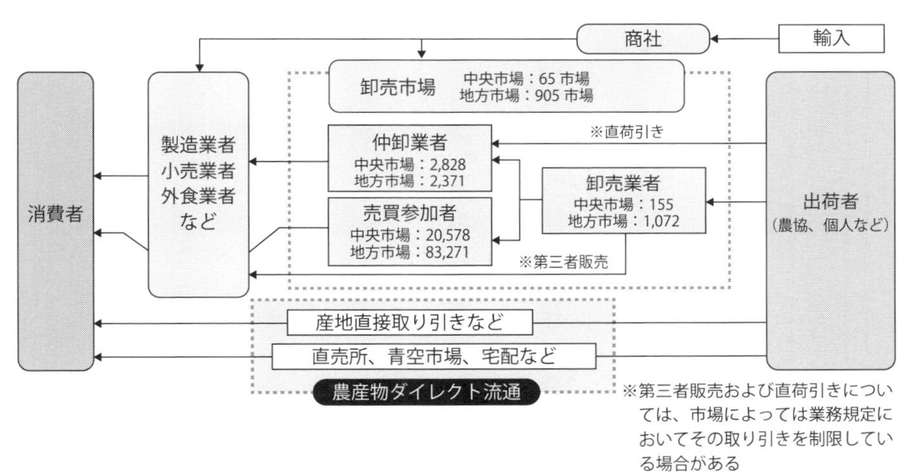

出所：農林水産省資料に一部加筆

農産物流通の構造

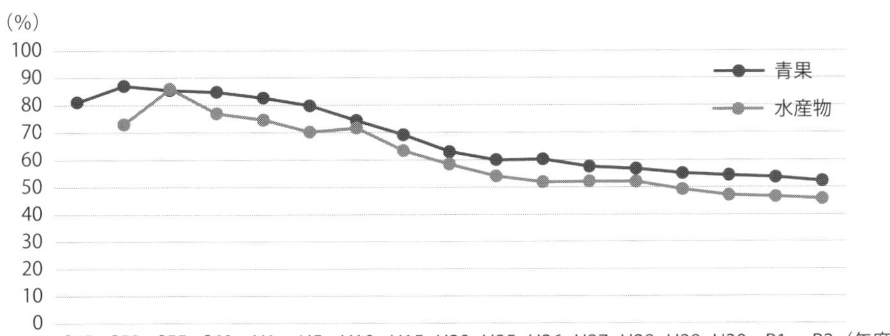

出所：農林水産省「食料需給表」などを基に筆者作成

卸売市場経由率の推移

- 市場経由率が低下し、農産物ダイレクト流通を手掛ける事業者が次々と台頭
- 両者の特性を活かして“使い分ける”ことが成功のポイント

54 農産物のインターネット販売

利便性に加え、価値伝達でも存在感を発揮

多くの消費者がスマートフォン（スマホ）を保有するようになり、農産物のインターネット販売（産直EC）の利用が広がっています。ポケットマルシェや食べチョクなどのマーケットプレイス型（農業者が消費者へ販売）、オイシックスやイトーヨーカドーなどのネットスーパー型（農業者が事業者へ販売し、事業者が消費者へ販売）がメインで、楽天やYahooなどのECモールでも販売されています。

農業者にとって、インターネット販売にはさまざまなメリットがあります。まず品質やこだわりの栽培方法などの情報を伝達でき、単価向上が期待できることが挙げられます。インターネット販売では農産物のきれいな写真だけでなく、農業者からのメッセージ、糖度や機能性物質などの成分分析の結果、圃場（ほじょう）での栽培の様子などの情報も提供されており、消費者はまるで店頭で農産物を選ぶような、もしくはそれ以上の情報を受け取ることができます。優れた農産物が埋もれてしまわない販売手法といえます。

また、少量でも販売できる点が特徴で、出荷規模が小さな中小農業者でも活用可能です。市場流通になじまない伝統野菜や海外原産の農産物などの珍しい品種や、規格外品の販売も盛んです。

さらに、インターネット販売は市場流通と比べて中間経費の比率が低いこと（農水省調査によると、卸売市場経由の中間流通経費は約5割、インターネット販売では約1～2割）が多く、また販売する農業者が自ら値付けする販売サイトもあり、高利益率での販売が可能な点も強みとなっています。

インターネット販売は農産物の鮮度保持にも効果を発揮しています。中間流通に時間を要する市場流通と異なり、インターネット販売は早ければ注文を受けた翌日には到着できるため、最もいい状態で出荷できるメリットがあります。流通の日数が短いため、輸送中の鮮度劣化が少ないだけでなく、野菜や果物であればより完熟に近い、美味しい状態のものを収穫・出荷できるというメリットがあります。各地の直売所や道の駅が盛況ですが、同じようなメリットがインターネット販売にもあるわけです。農業者の顔が見える、農業者とコミュニケーションが取

れる点を含め、まさにインターネット上の“直売所”といえます。

実践！ポイント

ただしインターネット販売は、いまや激戦区です。“普通の農産物”を“普通に売る”だけでは、多くのライバルの中に埋没し、期待したような売上が得られない可能性が高いです。農業者自らの技術やノウハウと、消費者のニーズを踏まえて、どのような品目・品種にどのような付加価値をつけて販売するかの戦略を綿密に練り上げることが欠かせません。

とはいっても、販売戦略の検討は簡単ではありません。インターネット販売で成功している先駆者の中には、地元の直売所や道の駅で好評だった農産物をインターネット販売でも主力商品として採用するケースがあり、リアルな場を試金石に活用するのも効果的のようです。

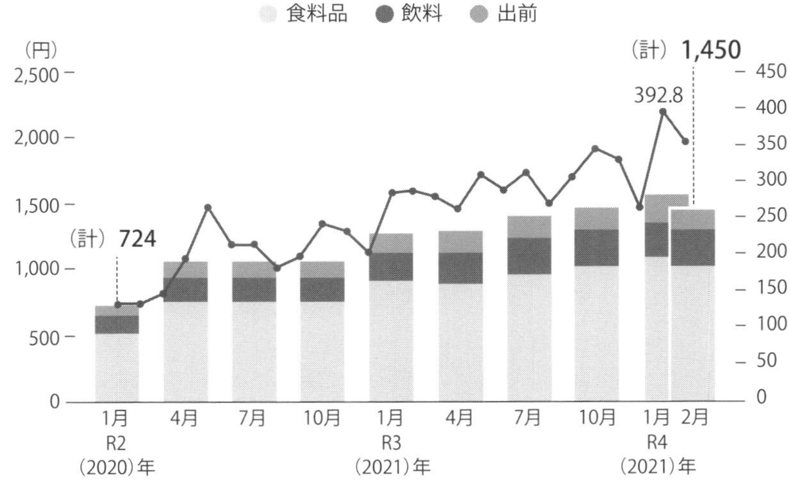

出所：農林水産省「令和３年度食料・農業・農村白書」

インターネットによる通信販売での食料消費支出額

- コロナ禍を経て、農産物のインターネット販売が拡大
- 農産物が専門のインターネット販売に加え、大手スーパーマーケットや生協などのネットスーパーも普及

55 スマートフードチェーン

農産物の流通段階のスマート化

スマートフードチェーンとは、農産物などの生産⇒加工⇒流通⇒販売⇒消費までの流れで、各段階の情報を連携させたものを意味します。スマートフードチェーンの実現に不可欠なデータプラットフォームに関して、さまざまなプロジェクトにて構築が進められています。フードチェーンの各段階での情報を連携してスマート化することで、例えば精度の高い需要予測や出荷計画の策定、卸売市場でのマッチングのオンライン化、農産物の栽培履歴に基づく消費者への価値訴求などを実施することが可能となります。

実践！ポイント

はじめに、内閣府SIPで構築されたukabis（ウカビス）に焦点を当てましょう。ukabisは農業者、卸売事業者、小売業者など、農と食のサプライチェーンに係る事業者同士が互いの保有するデータを共有するクラウドを活用した仕組みです。生産から消費までの一連のプロセスで、農産物1個ずつを個別に識別できるユニークコードを定め、そのコードをキーとしてつなげることで、農業者は自分の出荷した農産物が誰の手を経由して、どこで、いくらで、いつ販売されたのかを知ることができます。

次に農産物の需給マッチングの取り組みについて見てみましょう。従来は卸売市場が需給マッチングを担ってきましたが、フードチェーンのスマート化に伴い、インターネットの仮想空間上で農産物を売買できる「バーチャルマーケット」が台頭しています。各農業者がバーチャルマーケットに自らの農産物の情報（名称、写真、価格、サイズ、重量など）を登録し、消費者はバーチャルマーケットにて、登録された情報を基にほしい農産物を探索し、購入することができます。農産物を市場まで輸送する必要がないため、輸送コストを下げることができ、さらには農業者から消費者に届くまでの時間が短縮することで鮮度保持にも効果を発揮します。

新エネルギー・産業技術総合開発機構（NEDO）のスマートフードチェーンの

実証プロジェクトでは、AI（人工知能）やブロックチェーン技術などを活用し、農作物のトレーサビリティ確保やロス削減に取り組んでいます。農業者、物流事業者、小売事業者などのサプライチェーン上の各事業者が、トレーサビリティ情報として輸送経路、輸送時の温度や衝撃などの情報を取得し、データプラットフォームに保存、分析することで、適切な品質管理や運搬方法の確立に役立てています。

また、AIは農産物の需給予測でも活用されています。農水省ではAIを活用した農産物流通の効率化に関するさまざまな取り組みを進めており、企業や大学などが連携して実証を行ってきました。カメラやセンサーから得られた農作物の大きさ、長さなどの情報をAIで分析し、農産物の生育状況の見える化と今後の予測を行うことで、日ごとの収穫量の目安を把握できます。これと需要側の予測値を比べることで、需給ギャップを明確化できるとともに、施設園芸の場合には温度や日照や養分を加減して生育スピードをコントロールしたり、収穫量やタイミングを調整したりすることで、ロス（機会損失と廃棄ロスの両面）を最小化することを目指しています。

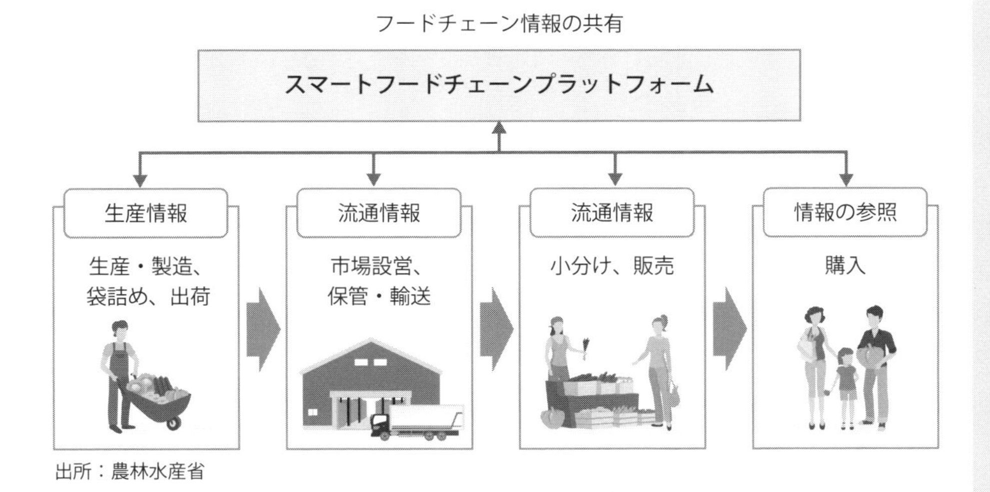

出所：農林水産省

スマートフードチェーンの概要

POINT

- 流通の各段階の情報をつなげてスマート化
- 新たな農産物流通チャネルとしてバーチャルマーケットが台頭

56 環境負荷の見える化

温室効果ガスの見える化制度が開始

SDGs（持続可能な開発目標）への関心の高まりを受け、農業分野においてもサステナビリティに資する取り組みが積極的に推進されています。その中から、ここでは環境負荷の見える化に焦点を当てましょう。

環境負荷の見える化の中でも、GHG（温室効果ガス）を対象としたものが先行的に実施されています。農水省では、はじめにコメ、キュウリ、トマトの3品目を対象に「温室効果ガス簡易算定シート」を公開しました。肥料、農薬、エネルギーの使用量などの情報を入力すると、GHG排出量を自動的に算出してくれます。算定対象品目は徐々に追加されており、より多くの農業者が使えるようになっていくと見込まれます。また、現状では簡易算定シートはExcel形式にて提供されていますが、より使い勝手をよくするため、APIとしての提供も行われる予定です。

実践！ポイント

さらに、GHG削減の効果を見える化し、消費者に伝達する取り組みも進められています。「温室効果ガス削減の『見える化』ラベル」は、農水省が推進している制度で、農産物の生産段階でのGHG排出量を、シンプルなラベルで見える化しています。削減実績を踏まえて星1つから星3つまでの3段階で評価し、ラベルで表示することが可能で、消費者に向けて環境価値の訴求を行えます。エシカル消費を重視する消費者を中心に、ラベルを判断材料として、より地球環境にやさしい農産物を選択、購買してくれるようになると期待されています。現在、コメや野菜、果実、茶など23品目の農産物が対象となっており、ファミリーレストラン、焼肉チェーン、おむすび店などの外食・中食店、大手小売店、道の駅、直売所などの小売店など、計100店舗以上で実証事業が進められています。

農業分野のGHG排出量の見える化に関して、民間企業の取り組みも進んでいます。筆者が所属する日本総合研究所では、三井住友銀行や大手コメ卸事業者と共同で、「Sustana-Agri（サスタナ・アグリ）」というGHG見える化システムのプロトタイプを活用し、農業者の栽培記録データからGHG排出量を算出し、それを農産物の販売先の食品関連企業に情報共有することで、サプライチェーン全体でのGHG削減を推進するという実証事業を実施しています。

さらに農水省では、GHG削減の次の一手として、生物多様性保全への取り組みの見える化に取り組んでいます。現時点では対象がコメに限られるものの、専用ラベルを作成し、生物多様性に関する取り組みの有無や取り組みレベルを見える化し、消費者に価値訴求する実証が進められています。

	露地栽培のみ対象	施設栽培のみ対象	露地栽培も 施設栽培も対象
穀物	コメ		
野菜	ホウレンソウ、白ネギ、タマネギ、ハクサイ、キャベツ、レタス、ダイコン、ニンジン、アスパラガス	ミニトマト、イチゴ	トマト、キュウリ、ナス
果実	リンゴ、日本ナシ、モモ		温州ミカン、ブドウ
いも	バレイショ、カンショ		
その他	茶（荒茶加工されたもの）		

出所：農林水産省

農林水産省の「見える化」ラベル

- 農水省がGHG排出量の簡易算定シートを公開
- 見える化ラベルでGHG削減効果を消費者に訴求する実証も
- 環境面での貢献が消費者の消費行動にどのように影響するかは未知数

57 農産物の鮮度保持技術

美味しさや栄養をキープしてフードロス削減にも貢献

農産物の販売ロスによる売り上げ低下の防止やフードロス削減の観点から、農産物の品質・鮮度を保持する技術への注目度が高まっています。農産物の品質劣化の原因は、物理的損傷、雑菌増殖による腐敗、乾燥、植物ホルモンによる劣化、呼吸・代謝に伴う栄養素の減少などが挙げられます。農産物の品質・鮮度の保持において、このような原因を取り除くことが重要です。

実践！ポイント

農産物の品質・鮮度の保持の代表例がコールドチェーンです。農産物を予冷（農産物をあらかじめ冷やすこと）した上で、冷蔵車で運搬し、冷蔵棚に陳列することで、サプライチェーン全体で適切な温度管理を実現しています。単純な冷却機能だけでなく、エチレン除去装置を備えたコンテナや、センサーを活用した保管・輸送中の温湿度、ガス組成、振動などのモニタリングシステムなどを備えた高機能なリーファーコンテナ（冷蔵コンテナ）が出てきています。

出荷前に予冷以外の措置をしているものもあります。サツマイモはそのまま長期間保存したり輸送したりするとカビや腐敗のリスクがあります。そこで高温多湿（温度33℃、湿度90％）な環境で3日程度保管してコルク層を形成する“キュアリング”という処理を行っています。

さらに、最近は機能性を備えた包装材の活用も進んでいます。例えば、アールエム東セロ社の鮮度保持フィルム「スパッシュ」は、しおれや変色などの鮮度低下を抑制する効果を有しています。また、イチゴなどの傷つきやすい農産物の輸出用に専用のパッケージが開発され、普及が始まっています。

注目技術として、鮮度の見える化技術が挙げられます。農水省の調査結果の通り、消費者が農産物を買う際に重視するポイントの1つが鮮度です。しかし、見ただけでは鮮度がわからないケースも多く、特に果物は外観から鮮度・食べ頃を判断することは簡単ではありません。農産物の鮮度を可視化すべく、センサーなどを活用した技術の開発が国内外で進んでいます。農産物が発するガスをセンサーで検知して鮮度を予測する技術、光センサーにより農産物の中の状態を可視化する技術、画像解析により食味を予測する技術など、外観を見ただけではわからない農産物のリアルな状態を指標化する技術です。これにより、消費者が農産物をより美味しい状態で食べられるようになると期待されています。

フードロス削減効果も注目です。筆者が所属する日本総合研究所が2020年度に行った「鮮度の見える化技術を活用した食品ロス削減の実証実験」では、農産物の鮮度を「採れたて度」という新たな指標に変換して見える化し、採れたて度に応じて価格を変動させるダイナミックプライシングの効果を検証しました。実証では、鮮度の見える化を通して消費者の意識や行動が変容し、フードロスが削減される可能性が示されました。消費者が採れたて度と価格のバランスを総合的に判断して購入することが、おのずとフードロス削減につながったわけです。

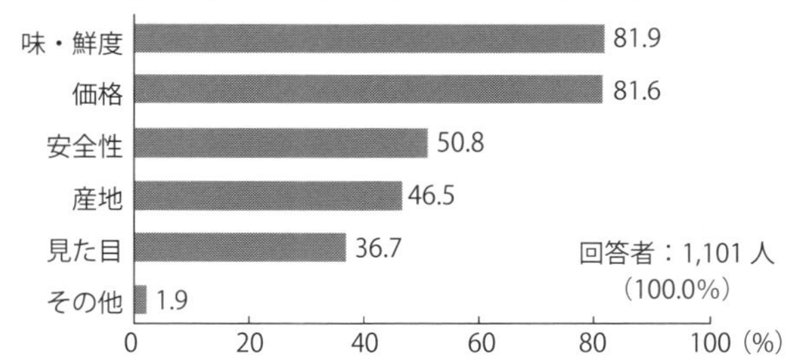

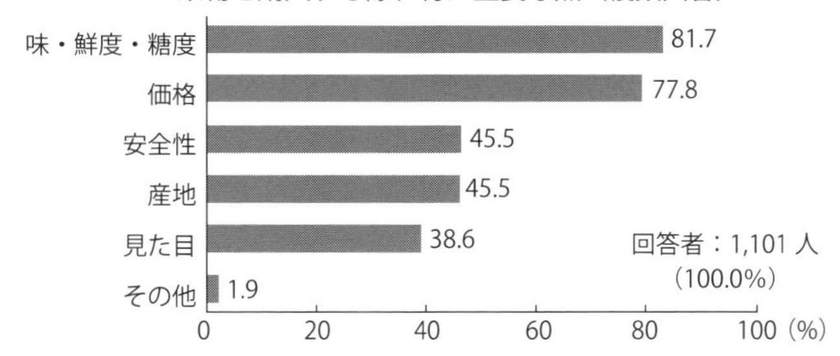

出所：農林水産省「野菜やくだものの外観や販売方法に関する意向調査」

消費者が農産物を購入する際に重視するポイント（農水省調査）

- コールドチェーンや高機能な包装材など、多種多様な技術が普及
- 鮮度の見える化技術は消費者の満足度向上に加えて、フードロス削減にも貢献

58 農業者と地域が連携したワンマイル物流

高齢化が進む地域での新たな出荷手段

農業者の高齢化により、農産物の出荷手段の確保が課題になっています。一般的に、農業者が農産物を出荷する際には、自ら自動車を運転してJAの集荷施設や直売所・道の駅などに運搬することが多く、このような地域内の近距離輸送は「ファーストワンマイル」と呼ばれています。高齢者の免許返納に対する社会的関心が高まっていますが、農村地域においては、免許返納は農産物の出荷手段の喪失に直結するケースが少なくありません。今後も安定的に農産物の生産・出荷を継続するためには、高齢農業者の運転に頼らないファーストワンマイルのモデルが必要です。

また、燃料代高騰も農業者の経営収支の悪化要因として問題視されています。燃料価格が高止まりする中、運搬の効率化はまったなしの状況です。

実践！ポイント

そのような農村地域の物流の課題解決に向け、農産物出荷のファーストワンマイルの新たなモデルが出現しています。代表例が巡回集荷モデルです。農産物を出荷したい農業者の代わりに、集出荷事業者がまとめて集荷する仕組みです。集出荷事業者が地域内の複数の農業者を巡回し、農産物を集荷してくれるため、農業者は運搬作業が不要となります（厳密には圃場から自宅や作業場までの運搬は必要）。

さらに応用パターンとして、ストックポイント（中継地点）を設定し、農業者がそこまでは自ら出荷し、その後は集出荷事業者がストックポイントを巡回集荷する取り組みも実践されています。

また、「農産物出荷」と「人の輸送」を組み合わせる貨客混載モデルも登場しています。乗り合いタクシーやコミュニティーバスなどの地域交通機関が旅客を輸送する際に、一緒に農産物などを積み込み、地域の集出荷施設や直売所・道の駅などに運送するモデルで、農業者の出荷手段の確保に加え、地域交通機関にとっての新たな収入源という意味合いも有しています。

新たなモデルとして、地域内の2つのワンマイル輸送を組み合わるモデルが挙げられます。現在、農業者が直売所や道の駅などの拠点へ農産物を出荷した後、帰路はほぼ空気を運んでいるような状況です。その帰路を有効活用できないか、という検討が進んでいます。筆者が支援した取り組みでは、農業者が出荷後に帰る際に、拠点からフードデリバリーやネットスーパーの荷物を運ぶというモデルを実証しており、行き帰りともに無駄なく稼働することが可能となっています。現時点では宅配物などの運搬には法規制がありますが、将来的には宅配物の農村内のラストワンマイルを農業者の帰路に任せるモデルの実現が期待されています。デジタル技術をかけ合わせれば、アプリを通じて近隣の農業者に配送を依頼する、依頼者がGPS機能により荷物の場所を把握するといった仕組みが可能です。

これらの効率的なワンマイル物流は、結果として燃料消費の削減につながり、環境負荷低減に貢献します。GHGの削減効果の見える化により、カーボンクレジット化して販売したり、エコ農産物としてブランド化したりすることも有効です。

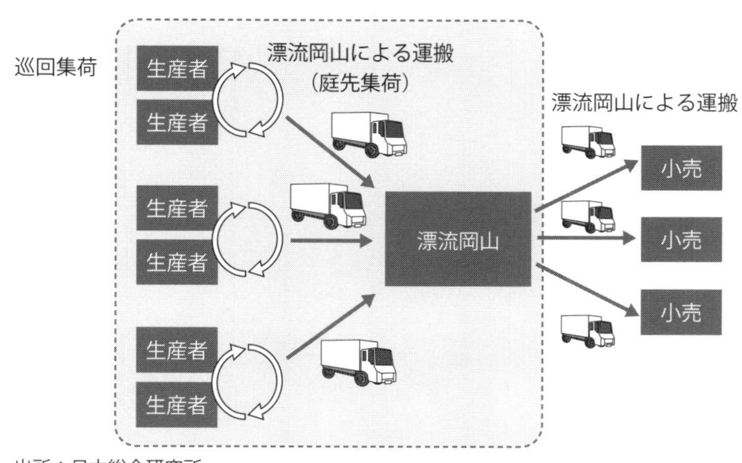

巡回集荷モデルの事例（漂流岡山）

- 高齢化により農産物の出荷が営農継続のボトルネックに
- 巡回集荷や貨客混載などの新たなワンマイル物流モデルが出現
- 農業者個人ではなく地域ぐるみでの物流効率化が必須

第10章

スマート農業を後押しする政策・支援策

59 スマート農業技術活用促進法

ついにスマート農業に特化した法律が制定

スマート農業の本格的な普及に向け、スマート農業に特化した新たな法律が制定されました。スマート農業技術活用促進法は、農業の生産性の向上を目的とした法律で、2024年10月1日に施行されています。

同法はスマート農業の普及と開発の両面を対象としており、①スマート農業技術の活用及びこれと併せて行う農産物の新たな生産の方式の導入に関する計画（生産方式革新実施計画）、②スマート農業技術等の開発及びその成果の普及に関する計画（開発供給実施計画）の2つの認定制度が設けられています。

実践！ポイント

まず「生産方式革新実施計画」の内容から見ていきましょう。この計画は農業生産現場へのスマート農業の普及にフォーカスしたもので、“スマート農業技術の活用”と“農産物の新たな生産の方式の導入”をセットで実施する点が特徴的です。背景には、せっかく優れたスマート農業技術があっても、圃場（ほじょう）の形状や栽培方法とマッチしなければ効果を発揮できないという課題があります。これまでは、そのようなさまざまな環境、状況に対してスマート農業側がアジャストすることを求める雰囲気がありましたが、スマート農機やシステムに求められる要求仕様の高度化・複雑化を招き、実用化の遅れやコスト上昇の一因となるとともに、農業者がスマート農業を導入しない“断り文句”にもなっていました。

同法ではそのような事態を打開すべく、現状の圃場や栽培方法にそのままスマート農業技術を当てはめるのではなく、スマート農業技術が本領発揮できるような圃場や栽培手法に変えていくことがうたわれています。例えば、温室栽培での栽培棚間の通路の幅をロボットが稼働できる幅に広げたり、キャベツやコマツナなどの葉物野菜で自動収穫がしやすいように茎の部分が長い品種に切り替えたり、果樹の改植の際に収穫がしやすいカラムナー樹形やジョイントV字トレリス樹形に切り替えるなどの工夫が求められます。

スマート農機の導入と栽培手法の変更をセットにした計画で認定を受けると、

日本政策金融公庫の長期低利融資が活用できたり、ドローンの飛行許可などの行政手続きの一部を簡素化できるメリットがあります。なお同計画は個別の農業者単位ではなく、原則として複数農業者が共同した産地単位での立案となっています。

次に「開発供給実施計画」に焦点を当てます。開発供給実施計画は、農業において特に必要性が高いと認められるスマート農業技術などの開発および、当該スマート農業技術などを活用した農業機械などやスマート農業技術活用サービスの供給を一体的に行う事業を対象としています。

スマート農業技術の開発や普及を担う企業、大学、スマート農業技術活用サービス事業者などが同計画の認定を受けると、日本政策金融公庫の長期低利融資の活用、農研機構の研究開発設備や実証圃場などの利用、行政手続の簡素化などのメリットを享受することができます。

さらに、上記優遇策に加えて、スマート農業の開発・普及に関する適切な予算措置を講じることがうたわれており、スマート農業技術の導入に対する補助金などの予算化が想定されています。

カラムナー樹形（リンゴ）

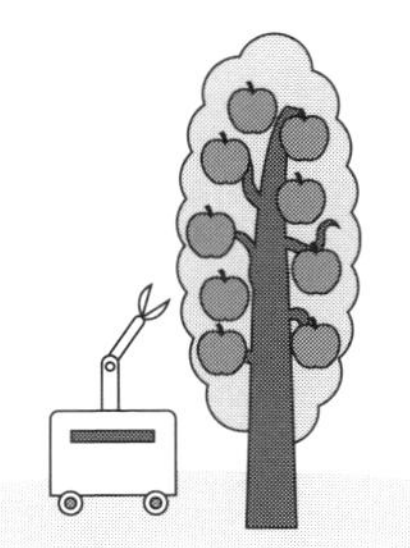

ジョイントV字トレリス樹形（ナシ）

果樹の表面に果実が並ぶ樹形で、収穫ロボットによる自動収穫や農薬散布ロボットによる防除が行いやすい

出所：筆者作成

スマート農業技術を活用しやすい栽培手法への転換

- スマート農業の開発と普及を加速化させるための法律が施行
- スマート農業は万能ではない。スマート農業が本領発揮できるように栽培手法側を変えることがポイント

60 農業DX構想

プロジェクト進展を踏まえて農業DX2.0が公表

農林水産省は2021年3月に農業デジタルトランスフォーメーション構想（農業DX構想）を公表しました（筆者が農林水産省「農業デジタルトランスフォーメーション構想検討会」の座長を担当）。この構想の主たるビジョンは、「消費者ニーズを起点にしながら、デジタル技術を活用し、様々な矛盾を克服して価値を届けられる農業」の実現で、農業DXのための羅針盤・見取り図となっています。それを実現するために、①農業・食関連産業の「現場」系プロジェクト、②農水省の「行政業務」系プロジェクト、③現場と農水省とつなぐ「基盤」の整備に向けたプロジェクトの3つのカテゴリーのプロジェクト例が明示され、積極的に推進されてきました。

農業現場のDXでは、スマート農業の現場への普及が始まっています。IoT、AI（人工知能）、ロボティクスを駆使したスマート農業技術は、匠の農家の「眼」、「頭脳」、「手」を代替・支援することが可能です。農業生産の効率化と農産物の付加

段階	内容
デジタイゼーション	●デジタル技術の活用で、紙での記帳が不要になったり、集計作業が大幅に短縮化 ●作業・業務の効率化・省力化の面でメリットを享受
デジタライゼーション	●データを利活用することで、作業の負担の軽減にとどまらず、収量の拡大や品質の向上など、デジタル化によるメリットが拡大 ●データの分析・活用は農業者が自ら行うにはハードルが高く、テック企業や行政のサービスを利用することが一般的
デジタルトランスフォーメーション	●個々の経営体単位でのデータ活用にとどまらず、複数の農業者などの間でデータを相互に連携させ、データの質・量を向上 ●それにより営農・事業のあり方や、消費者への商品・価値の提供方法が大きく変わり、競争力が飛躍的に向上

出所：農林水産省資料を基に筆者作成

農業のデジタル化の３段階

価値向上を両立させることで、農業の競争力が飛躍的に高まっていきます。

基盤整備系のDXにおいては、eMAFFプロジェクト、eMAFF地図プロジェクト、MAFFアプリなどが特に注目されています。農業DX構想の下で農水省のさまざまな手続きのオンライン化、デジタル化が急ピッチに進んでいます（第7章で詳述）。また、農業関連の公的データがアプリなどの使いやすいツールで提供されており、スマート農業の普及の加速に貢献しています。

さらに、2024年2月には、農水省の「農業DX構想の改訂に向けた有識者検討会」（同じく筆者が座長を担当）において、「農業DX構想2.0」が取りまとめられました。これは、農業DX構想をベースに、農業・食関連産業のデジタル化に向けた、農業・食関連産業やテック企業などの関係者に対する「マイルストーンを示すナビゲーター」として示されたものです。

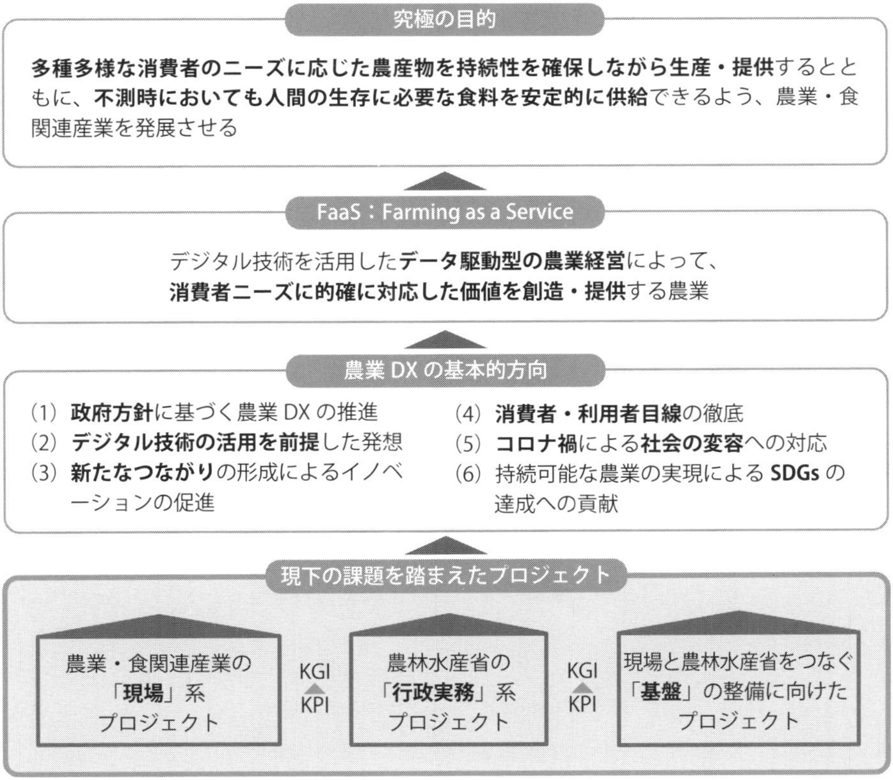

出所：農林水産省

農業DX構想の全体像

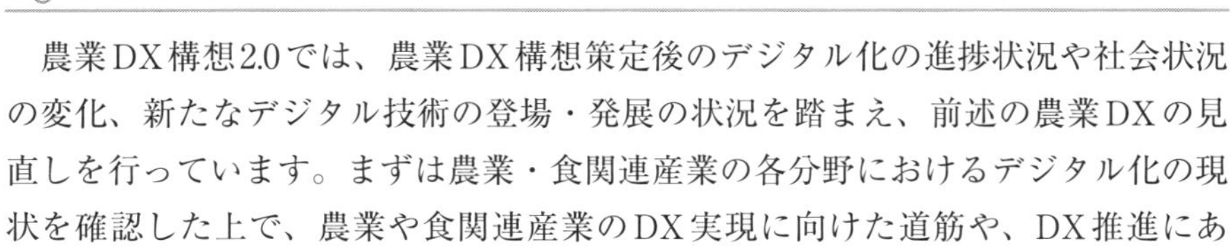

実践！ポイント

農業DX構想2.0では、農業DX構想策定後のデジタル化の進捗状況や社会状況の変化、新たなデジタル技術の登場・発展の状況を踏まえ、前述の農業DXの見直しを行っています。まずは農業・食関連産業の各分野におけるデジタル化の現状を確認した上で、農業や食関連産業のDX実現に向けた道筋や、DX推進にあたっての留意点をまとめています。

農業DX構想（1.0）の策定後の進捗は分野ごとに異なりますが、全体として見ると着実に前進しており、DX実現に向けた移行期に入っていると総括されています。スマート農業推進総合パッケージに基づくスマート農業技術の現場実装の加速化や、農業データ連携基盤「WAGRI」を通した多種多様な公的データ・民間提供データや研究成果を活かしたアプリの提供などが実現しています。一方で、農業全体をマクロレベルではいまだDXが実現しているとはいえない状況とされています。

農業DX構想2.0で特徴的なのが、農業DXによって社会がどのように変わるかを「未来予想図」として示している点です。未来予想図では、DXによって農業・食産業が多くの人が関係する儲かる産業になり、そこで生み出される新鮮な農産物や地域ごとの特色が活かされた料理を消費者が楽しめるようになる姿が描かれています。

生産現場にフォーカスすると、例えば気温、湿度、日照、土壌などのデータに基づく科学的な農作業アドバイスを元に、高効率なスマート農機を駆使（遠隔操作や無人運転を含む）することで、農業者1人当たりで従来と比べてはるかに多くの農産物を生産・収穫できるようになります。フードチェーンにも大きな変革が生じ、消費者の購買データの分析を通じた精度の高い需要予測を踏まえて、農業者が生産品目、出荷先、出荷量を選択することが可能となります。これにより適正な価格の維持、フードロスの削減、食料の安定供給などを実現できるようになるとされています。

なお、農業DX構想は2.0の公表から2年後の2026年に再度の見直しを予定しています。技術革新や外部環境の変化を踏まえて随時変化していくことを規定している点が、この構想の重要な本質の1つといえます。

農業・食関連産業の「現場」系プロジェクト	●スマート農業推進総合パッケージ ●先人の知恵活用プロジェクト ●農山漁村発イノベーション全国展開プロジェクト（INACOME） ●消費者ニーズを起点としたデータバリューチェーン構築プロジェクト ●農産物流通効率化プロジェクト ●フィンテック活用プロジェクト ●スマート食品製造推進プロジェクト ●フードテックプロジェクト など
「行政業務」系プロジェクト	●業務の抜本見直しプロジェクト（地方公共団体の業務を含む） ●データ活用人材育成推進プロジェクト ●データを活用したEBPM・政策評価推進プロジェクト ●ドローンなどを活用した農地・作物情報の広域収集 ●可視化および利活用技術の開発プロジェクト など
現場と農林水産省をつなぐ「基盤」の整備に向けたプロジェクト	●eMAFFプロジェクト ●eMAFF地図プロジェクト ●MAFFアプリプロジェクト ●データのコード体系統一化プロジェクト ●農業分野オープンデータ・オープンソース推進プロジェクト など

出所：農業DX構想を基に筆者作成

農業DX構想で示されたプロジェクト群

POINT

- 農業・農村分野においてもDXが推進
- デジタル化は着実に前進も、まだDX段階の取り組みは少数
- 研究機関や大学にとって、農業DX構想2.0で示された未来予想図が次の研究テーマ探索のヒントに

61 スマート農業実証プロジェクト

コメ、野菜、果樹、畜産などの各分野で成功事例を創出

スマート農業に関する研究開発が進み、さまざまな製品、サービスが出てきましたが、それが農業者の作業や経営にどのような効果があるのか明確でないことが問題となっていました。また、スマート農業技術の中には完成度の低いもの、現場の実態に即していないものが散見され、農業者がスマート農業を実践する際の心理的ハードルにもなっていました。

こうした状況を打開し、スマート農業技術の実装を推進するため、農水省では、2019年度よりスマート農業実証プロジェクトを開始しました。このプロジェクトは、先端技術を活用したスマート農業を全国各地で実証し、スマート農業の社会実装を加速させていくための事業として展開されています。スマート農業技術を実際に生産現場に導入し、技術実証を行うとともに、技術導入による経営への効果を試算し、実証成果として公開しています。

2019年度に開始し、2023年度末までに全国217地区（2019年度69地区、2020年度55地区、2020年度補正24地区、2021年度34地区、2022年度23地区、2023年度12地区を採択）において実証を行っています。

この事業では、農作物の生産から出荷までの一連の作業について、スマート農業技術を活用したスマート農業一貫体系（13項で詳述）の確立を推進しています。スマートトラクター、ドローン、農業ロボットなどの農機や生産管理システム、AIを用いた病虫害診断や収穫予測シミュレーションなど、複数の大学、研究機関、メーカーなどによって別々に研究開発されてきた技術を作物ごとにパッケージ化（一貫体系化）することで、農業者がスマート農業を導入しやすくすることを目指しています。第2章で示した通り、初期に実施された実証事業からは、すでにスマート農業一貫体系が公開されたものがいくつも出てきており、狙い通りの成果があがっています。

実践！ポイント

各地のスマート農業実証プロジェクトは、視察会・研修会の実施や農水省のア

グリビジネス創出フェアなどの農業系展示会への出展などを通じて、スマート農業技術に関する情報発信を担っています。大型の展示会が開催された際にはテレビや新聞などのマスコミ取材が入り、それらのメディアを通したスマート農業の情報発信へとつながっています。

農水省からさまざまな成功事例に関する情報が発信され、農業者の検討に役立てられていますが、1点要望するとすれば“失敗”や“苦労”に関する情報も積極的に取りまとめてもらいたいと考えています。栽培品目や圃場（ほじょう）環境、求められるスペックなどにより、スマート農業技術の活用方法は変わるため、単に成功要因を知るだけでなく、その過程を把握することがより有効となるからです。

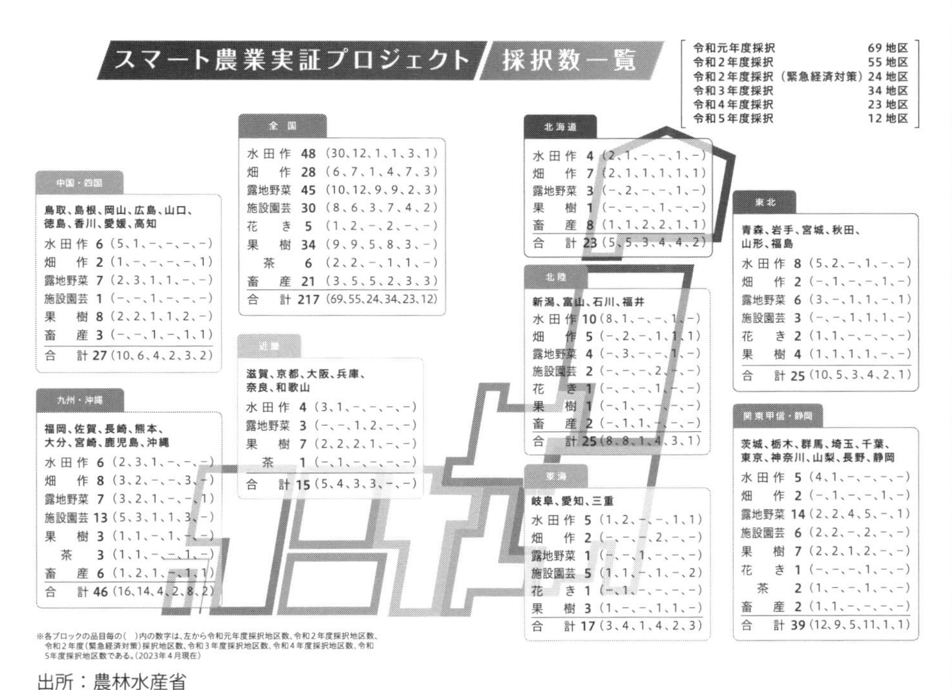

出所：農林水産省

スマート農業実証プロジェクト

POINT

- 政府が推進する、スマート農業の現場実証の中心的存在
- 実証から商品化に至った事例も多数存在する
- 農水省による失敗事例や苦労話の取りまとめにも期待

62 みどりの食料システム戦略

環境配慮と収益向上の両立が最新トレンド

持続可能な農・食を実現するための戦略策定が世界各国で進んでいます。EUが2020年5月に化学農薬の使用およびリスクの50%削減、1人当たり食品廃棄物の50%削減などをうたう「Farm to Fork戦略」を、アメリカ農務省が2020年2月に2050年までの農業生産量の40%増加と環境フットプリント（製品や企業活動が環境に与えている負荷を評価するための指標）の50％削減の同時達成を掲げた「農業イノベーションアジェンダ」を公表しました。

こうした流れを受け、わが国では2021年5月に「みどりの食料システム戦略」が公表されました。この戦略では、生産側においては「資材・エネルギー調達における脱輸入・脱炭素化・環境負荷軽減の推進」、「イノベーション等による持続的生産体制の構築」、流通・消費側においては「ムリ・ムダのない持続可能な加工・流通システムの確立」、「環境にやさしい持続可能な消費の拡大や食育の推進」などの取り組み項目が挙げられています。

農業生産に焦点を当てると、2050年に化学農薬の使用量をリスク換算で50%低減、化学肥料の使用量を30%低減、耕地面積に占める有機農業の取り組み面積を25%（100万ha）に拡大といった非常に挑戦的な目標が設定されています。有機農業の取り組み面積を例にとると、2050年までに現状の約40倍まで大幅に拡大させなければなりません。有機農業は一般的に手間がかかるため、労働力不足が顕在化する中でみどりの食料システム戦略のように取り組み面積を大幅に拡大するためには、劇的な効率化、負荷低減が必要不可欠であり、その中核的存在としてスマート農業が期待を集めているわけです。

この戦略の実現に向けて、2022年4月にはみどりの食料システム法が成立しました。同法の特徴として、農林水産業に由来する環境への負荷の低減を図るために行う事業活動などに関する計画の認定制度が設けられた点が挙げられます。認定制度は環境負荷の低減を図る農林漁業者の取り組みと、新技術の提供などを行う事業者の取り組みの両方をカバーしており、サプライチェーン全体での取り組みを推進する仕組みとなっています。

従来の環境配慮はコストがかかる取り組みでしたが、資材価格の高騰などを受け、環境配慮と儲かる農業を両立するモデルがトレンドになってきています。例えば、ドローンによるモニタリングを基にした農薬や肥料のピンポイント散布は、環境負荷の低減に加え、資材費の低減による利益率アップにも直結します。同じくモニタリングのデータから地点ごとに必要な肥料成分（窒素、リン、カリ）を算出し、その場で単体肥料を混合して必要最小限の施肥を行う「可変施肥」も、環境負荷低減とコスト削減の双方に効果を発揮しています。

ただし、2050年目標の達成は、現状のスマート農業技術の延長線では不十分であり、完全無人化といった非連続な技術革新が必要となる点に注意が必要であり、裏を返せばこれからのスマート農業技術の新規開発のチャンスといえます。

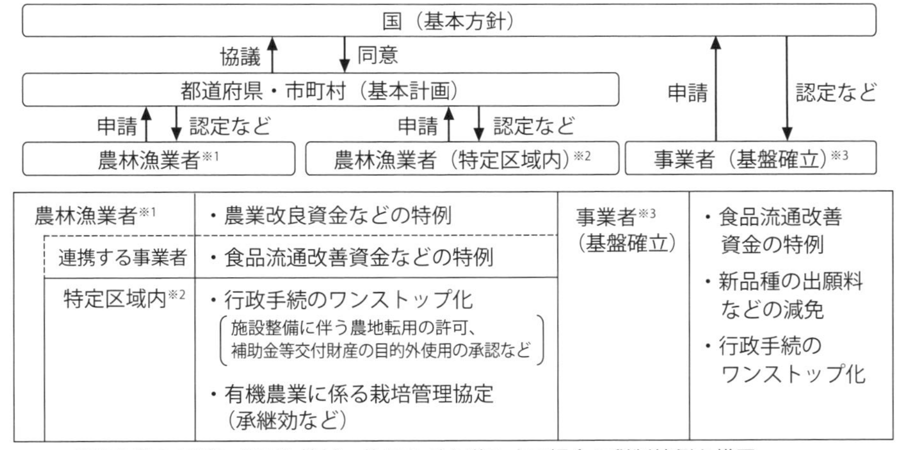

農林漁業者※1	・農業改良資金などの特例	事業者※3（基盤確立）	・食品流通改善資金の特例 ・新品種の出願料などの減免 ・行政手続のワンストップ化
連携する事業者	・食品流通改善資金などの特例		
特定区域内※2	・行政手続のワンストップ化 （施設整備に伴う農地転用の許可、補助金等交付財産の目的外使用の承認など） ・有機農業に係る栽培管理協定（承継効など）		

⇒　環境負荷の低減に必要な機械・施設などを導入する場合の税制特例を措置

※1　土づくり、化学農薬・化学肥料の使用削減、温室効果ガスの排出量削減など
※2　地域ぐるみでのスマート農業技術の活用、有機農業の団地化など
※3　先端的技術の開発、新商品（食品）の開発など

出所：農林水産省

みどりの食料システム法の認定制度

- みどりの食料システム戦略で設定した意欲的な目標の達成に向けて、各種実証事業やみどりの食料システム法の支援措置などが設定
- スマート農業技術を活かした“環境に優しい農業”と“儲かる農業”の両立が最近の注目トレンド

63 これからのスマート農業技術の開発戦略

サステナブルで儲かる農業の実現へ

全国200か所以上で実施されてきた農水省のスマート農業実証プロジェクトや内閣府のSIP（戦略的イノベーション創造プログラム）などを通して、スマート農機、農業用ドローン、農業ロボットなどのハードウェア、生産管理アプリ、AI病虫害診断アプリ、収穫予測シミュレーションなどのソフトウェア、そしてそれらを連携させるWAGRI（農業データ連携基盤）などが実用化されてきました。すでに商品化されて普及が進んでいるものもあり、これまでの公的な研究開発、実証事業プロジェクトはある程度成功したと評価することができます。

実践！ポイント

それでは、さまざまなスマート農業技術が台頭した中で、これからのスマート農業の技術開発、商品開発はどのように進めていけばいいのでしょうか。ここでは大きく3つのアプローチを示します。

1つ目が生成AIのような新たな技術を農業分野へ取り込む研究です。ここまでのスマート農業の技術革新においても、その時々の最新技術トレンドをうまく農業分野に応用することで、スピーディーな開発を実現してきました。自動運転に関してはもともと技術を培ってきた自動車分野よりも先に農機にて商業段階に到達したのです（農場という閉鎖空間、農道という限定された空間での走行という有利な条件はありますが）。革新的な技術シーズはいまも続々と登場しており、農業DX構想2.0などを参考に農業界としても使える技術が出てこないか、常にアンテナを張っておく必要があります。

2つ目が信頼性の確保と徹底的なコストダウンです。スマート農業が“普通”になる過程で、スマート農業技術も従来の農業技術と同程度以上の信頼性がなければなりません。また、普通になるからこそ、農業者が導入しやすい合理的な価格にまでコストダウンする必要があります。スマート農業は新たな技術がゆえに、開発戦略の検討においてついつい機能向上にばかり目が行ってしまいますが、現場で必要な機能が得られた後は、コスト削減側に開発の視点を移すことも重要です。他分野を例にすると、さまざまな意見があるでしょうが、最近のスマートフォン（スマホ）の最新機種の発売時に、以前ほどワクワクしない人が多いのは、現在のスマホが必要な機能をすでに備えており、“充分に最先端”であるからだと感じています。

3つ目が技術同士の組み合わせ、連携です。現在、多くのスマート農機やスマート農業アプリは独立して動いており、特にメーカーをまたいだ連携は極めて限定的な状況です。今後スマート農業が一般化していった際に、使っている農機ごとに別々の管理アプリを使用し、データも別々に管理しなければならないというのは、DXの観点からきわめてナンセンスです。各メーカーには、協調領域と競争領域の線引きのセンスが問われています。

“協調領域”のプラットフォームとしてWAGRIが立ち上がり、オープンAPIの整備や農機間のデータ交換機能の整備が進められていることから、まずはWAGRIをいかに使いこなすかという点から開発を進めるのが成功の近道です。

気温、湿度、土壌環境などのデータがセンサーで自動的に検知され、サーバー上で集約・連携された上で、わかりやすく見える化されて、農業の担い手の持つ端末上に農作業に関するアドバイスとともに示される

当面の天候の変化や、病害虫発生リスクを高い精度で予測できるようになっている。この結果、気象災害や病害虫による被害は最小限に

情報通信環境の整備が進んだ結果、スマート農業機械などが広く導入されて、圃場では昼夜を問わず、AIを利用した無人の農業機械が農作業を行っている

都市部に住み、仕事をしている者の多くが、デジタルツインにより自らの端末上で、遠く離れた中山間地などの圃場を再現し、営農を行っている

出所：農林水産省「農業DX構想2.0」に筆者加筆

農業DX構想2.0で示された未来のスマート農業（一部抜粋、加筆）

- 未来のスマート農業に向け、継続的な研究開発が必須
- 一方で、現場で使える水準になった技術については、コストダウンへの方針転換も重要
- メーカーごとの製品・サービスではなく、それぞれがつながったネットワーク型のスマート農業へ

〈著者紹介〉
三輪　泰史（みわ　やすふみ）
株式会社日本総合研究所 創発戦略センター チーフスペシャリスト

東京大学農学部国際開発農学専修卒業
東京大学大学院農学生命科学研究科農学国際専攻修士課程修了
農林水産省の食料・農業・農村政策審議会委員、農業DX構想検討会座長、国立研究開発法人農業・食品産業技術総合研究機構（農研機構）アドバイザリーボード委員長をはじめ、農林水産省、内閣府、経済産業省、NEDOなどの公的委員を歴任
主な著書に『図解よくわかるスマート水産業』『図解よくわかるフードテック入門』『図解よくわかるスマート農業』『アグリカルチャー4.0の時代 農村DX革命』『IoTが拓く次世代農業 ―アグリカルチャー4.0の時代―』『次世代農業ビジネス経営』『植物工場経営』『グローバル農業ビジネス』『図解次世代農業ビジネス』（以上、日刊工業新聞社）、『甦る農業－セミプレミアム農産物と流通改革が農業を救う』（学陽書房）ほか

図解よくわかる 実践！スマート農業
デジタル技術による効率的な農業経営　NDC610

2024年10月30日　初版第1刷発行
2025年 3 月14日　初版第2刷発行
（定価はカバーに表示してあります）

©著　者　三輪　泰史
発行者　井水　治博
発行所　日刊工業新聞社
〒103-8548　東京都中央区日本橋小網町14-1
電　話　書籍編集部　03（5644）7490
販売・管理部　03（5644）7403
ＦＡＸ　03（5644）7400
振替口座　00190-2-186076
ＵＲＬ　https://pub.nikkan.co.jp/
e-mail　info_shuppan@nikkan.tech
印刷･製本　新日本印刷㈱

2024　Printed in Japan
ISBN 978-4-526-08355-6